배낭여행은
처음이라서

배낭여행은 처음이라서

발행일	2019년 9월 20일

지은이	조남대, 박경희		
펴낸이	손형국		
펴낸곳	(주)북랩		
편집인	선일영	편집	오경진, 강대건, 최예은, 최승헌, 김경무
디자인	이현수, 김민하, 한수희, 김윤주, 허지혜	제작	박기성, 황동현, 구성우, 장홍석
마케팅	김회란, 박진관, 조하라, 장은별		
출판등록	2004. 12. 1(제2012-000051호)		
주소	서울시 금천구 가산디지털 1로 168, 우림라이온스밸리 B동 B113, 114호		
홈페이지	www.book.co.kr		
전화번호	(02)2026-5777	팩스	(02)2026-5747

ISBN	979-11-6299-874-8 03980 (종이책)	979-11-6299-875-5 05980 (전자책)

이 도서의 국립중앙도서관 출판예정도서목록(CIP)은 서지정보유통지원시스템 홈페이지(http://seoji.nl.go.kr)와
국가자료공동목록시스템(http://www.nl.go.kr/kolisnet)에서 이용하실 수 있습니다.
(CIP제어번호: CIP2019036785)

(주)북랩 성공출판의 파트너
북랩 홈페이지와 패밀리 사이트에서 다양한 출판 솔루션을 만나 보세요!

홈페이지 book.co.kr   •   **블로그** blog.naver.com/essaybook   •   **출판문의** book@book.co.kr

은퇴하고 떠나는 동남아 한 달 여행

배낭여행은 처음이라서

조남대, 박경희 지음

북랩 book Lab

프롤로그

패키지여행은 싫었고, 자유 여행은 무서웠다

    해외여행을 여러 번 해 본 이들은 많을 것이다. 나도 마찬가지다. 패키지여행을 다녀 보면 빠듯한 일정으로 아침부터 저녁까지 유명 관광지를 다니며 유적이나 아름다운 자연을 감상하며 감탄한다. 그런데 시간이 지나면 별로 남는 것이 없다. 대강 어디를 가서 무엇을 보았다는 것뿐이다. 여러 곳을 바쁘게 다니다 보니 아름답고 멋있는 것에 대해 느끼고 생각할 여유가 없다.

    나는 퇴직을 하고 여유로운 여행을 위해 아내와 함께 자동차에 간단한 여행용품을 싣고 강원도 고성에서 출발하여 동해안과 남해안을 거쳐 한 달 동안 전국을 여행한 데 이어, 제주도에서 한 달 살아 보기도 했다. 유명 관광지만 간 것이 아니라 인터넷 등을 뒤져 가고 싶은 곳을 여행했다. 참 여유로웠다. 그리고 행복했다. 여행이란 무엇을 보느냐가 중요한 것이 아니라, 그것을 통해 어떤 감동을 받고 얼마나 행복했느냐에 따라 더 오랫동안 기억에 남는다고 생각한다.

    퇴직하고 환갑이 지나자 이제는 시간에 쫓기는 빠듯한 패키지여행을 하기보다는 여유를 갖고 쉬어 가면서 마음 내키는 대로 여행하고 싶어졌다. 그러려면 나 혼자나 부부 둘이서 가야 한다. 영어 실력도 부족하고,

인터넷을 활용하여 검색하는 것도 서툴고, 나이가 들어 순발력도 떨어지는 데다, 용기나 자신감도 없다. 주변에서는 하면 된다는데 그게 말처럼 쉽지가 않다.

그러던 차에 아내의 회사 동료가 동남아 배낭여행을 해 보자는 제의를 해 온 것이다. 혼자나 부부만 가는 것보다는 여러 명이 함께하면 의지가 되어 가능할 것도 같았다. 주변을 물색하여 환갑 지난 퇴직자 5명이 배낭여행을 하자는 데 의기가 투합되었다. 아내의 회사 동료 3명과 그 남편 2명까지 5명이 떠난 것이다. 남자 3명, 여자 2명이지만 배낭여행은 모두 처음이다.

동남아 여행은 건기인 겨울철에 여행하는 것이 좋다고 하여 2019년 1월 2일에 베트남, 라오스, 태국, 미얀마 동남아 4개국을 한 달 일정으로 여행하기로 하고 하노이로 가는 항공권과 도착하는 당일 밤 숙소만 예약한 채 돌아볼 주요 도시만 정하고 무작정 떠났다.

여행지에 관해 토론하고 연구하기 위해 사전 미팅을 세 번 했으나 걱정할 필요 없다는 이들의 자신만만한 말에 불안했던 마음을 가라앉히고 출발했다. 하지만 인천 공항에서 체크인하면서 돌아오는 표를 예약하지 않아 1시간 반 이상 소동을 벌인 관계로 시간이 지체되었다. 야구선수가 겨우 슬라이딩하여 세이브하는 식으로 간신히 비행기에 탑승할 수 있었다.

라오스 루앙프라방에서 태국의 치앙마이로 갈 때는 비행기로는 1시간이면 갈 수 있는 거리를 배를 타고 가면 멋있을 것 같은 환상에 젖어 슬로보트를 타고 갔다. 메콩강을 이틀이나 거슬러 올라간 다음, 자동차로 국경을 넘은 뒤 하루를 더 달려 3일 만에 도착했다. 또 태국에서 미얀마로 건너갈 때도 아무도 가지 않는 육로로 가기 위해 골든 트라이앵글로 가서 출입국관리소와 국경 경찰에게 문의해 본 결과, 가능하다는 이야기를 듣고 다음 날 매사이를 통해 미얀마 타킬렉으로 다리를 걸어서 건넜다.

국경을 넘기는 했지만, 인레 호수를 버스로 가려면 도중에 반군이 나타나 총을 쏠 수도 있다고 하는 등 험악한 분위기로 인해 이견이 생겨 일행 2명은 되돌아가고 우리 부부만 미얀마에 남아 일주일 정도 여행을 한 다음 태국으로 건너가 일행과 합류하여 여행을 마무리하는 등 우여곡절도 있었다.

배낭여행 중에 많은 어려움도 겪었지만, 그런 난관에 비해 여유로운 여행을 통해 맛보았던 행복한 순간들과 스스로 해냈다는 뿌듯한 성취감이 훨씬 더 컸으며, 그때의 감동을 아직도 잊을 수가 없다. '배낭여행의 매력이 이런 것이구나!' 하는 것을 실감했다. 이번 여행에 있어 가장 큰 성과는 이런 난관을 극복하고 동남아 4개국 한 달 배낭여행을 무사히 마쳤다는 자부심을 갖게 된 것이라고 생각한다. 이제 세계 어디라도 갈 수 있을 것 같은 용기가 생겼다.

환갑이 넘은 퇴직자 4명(5명이 출발했으나 1명은 개인 사정으로 인해 중간에 귀국)의 동남아 4개국 한 달 여행기를 읽어 본 독자들은 '저 정도면 나도 할 수 있다'는 자신감을 갖게 될 것이다. 이런 마음을 갖고 출발한다면 누구라도 성취하리라 생각된다. 좋은 결과 있으시기를 기원한다.

우리 부부의 한 달간 동남아 4개국 여행 경비는 총 429만 2천 원으로 1인당 214만 6천 원이 소요되었다. 1인당 비용을 항목별로 파악해 보면 항공료가 57만 9천 원이었으며, 나머지는 숙박료와 식비, 교통비, 입장료 등이다. 당초 항공료를 제외하고 1인당 1천 달러의 경비만 갖고 여행하기로 마음먹었으나 당초 계획보다는 좀 오버되었다. 그러나 항공 티켓과 숙소를 미리 예약하는 등 좀 더 치밀하게 계획을 세웠다면 비용을 더 줄일 수 있었을 것이다. 이 점이 많이 아쉬웠다.

끝으로 한 달간의 여행 중에 우리 팀의 팀장으로서 책임감과 희생정신을 갖고 여행을 잘 마무리할 수 있도록 노력해 준 양영권 팀장과 재미있

배낭여행은 처음이라서

고 유익한 이야기를 많이 해 주고 즐거움을 선사하여 철학 교수라는 닉네임을 얻은 홍광표 씨와 중간에 사정이 있어 좀 일찍 귀국했지만 여행 중에 총무를 맡아 알뜰한 살림을 꾸려 주고 많은 웃음과 자선(慈善)의 본보기를 보여준 최순희 씨에게 감사를 드린다.

『부부가 함께 떠나는 전국 자동차 여행』 책을 발간할 때 동행한 데 이어, 이번에도 함께 여행하면서 힘이 되어 주고 건강하게 잘 견디어 준 아내 경희에게 장하다는 말과 함께 감사한 마음을 전하며, 건강하게 여행 잘 다녀오라며 여행 경비를 지원해 주고 응원해 준 아들 규연이와 며느리 유진이, 사위 대환이와 젊은이의 시각에서 밤새워 교정을 봐 준 딸 현정이에게 고마움을 전한다.

세 번에 걸쳐 보잘것없는 원고와 사진을 멋지게 편집하여 출판해 주신 북랩 편집진과 관계자분들께도 감사의 인사를 드린다.

2019년 9월

조남대

Contents

다 같이 출발, **베트남**으로

루앙프라방을 향하여, **라오스**로

PART 03 버스로 국경을 넘어, **태국**으로

PART 04 아내와 단 둘이, **미얀마**로

PART 05 다시 함께, **태국**

우리 일행은 모두 육십이 넘은 은퇴자 5명이다. 건강보험심사평가원 동료와 그 남편들이다. 어떻게 보면 좀 이상한 조합으로 결성된 여행팀이다.

✦양영권

심평원 부장 출신이다. 이번 우리 여행팀의 팀장을 맡았다. 아주 적극적이고 여러 지역 여행을 많이 다녀 봐서 경험이 많다. 그렇지만 배낭여행은 처음이다. 이번 베트남 하롱베이, 땀꼭, 짱안 등도 다 돌아본 곳이란다. 그런데도 우리 일행을 위해 기꺼이 동행하며 설명까지 해 주는 등 희생정신이 투철하다.

✦최순희

심평원에 근무하다 퇴직을 앞두고 공로 연수 중이다. 미모의 여성으로 싱글이다. 그동안 장기간 패키지여행을 많이 다녀 본 여행 베테랑이다. 그러나 배낭여행은 역시 처음이다. 꼼꼼하고 사교적이다. 그래서 이번 우리 여행팀의 여행 경비를 책임지는 총무를 맡았다.

홍광표

심평원 다니다 퇴직한 이지선 씨의 남편이다. 얼마 전에는 지인들과 10여 일간 라오스 배낭여행을 다녀왔다. 부인이 직장에 다니는 관계로 이번엔 혼자 왔다. 아주 사교적이고 농담도 잘하며 재미있다. 순희 씨와는 돼지띠로 동갑이며 올해 회갑이다. 출생일로 따지면 우리 팀의 제일 막내다.

박경희

나의 아내로 싹싹하고 활동적이다. 내가 가는 데는 어디든지 함께하려고 한다. 같이 여행 다니면 편안하다. 퇴직 후 전국 일주와 제주도 한 달 살기도 함께해서 『부부가 함께 떠나는 전국 자동차 여행』이라는 책을 출간했다.

조남대

마지막으로 나는 공무원 정년퇴직하고 요즈음은 수필 쓰기와 사진을 배우고 있는데, 최근에 《한국국보문학》에 수필 작가로 등단했다. 여행하기를 좋아한다. 양 팀장과는 동갑이다. 이번 여행 경험담을 책으로 출간하기 위해 노트북을 가지고 갔으며, 핸드폰 메모장에 여행 소감을 틈틈이 기록했다. 동남아 배낭여행에서 경험한 것을 참고하여 앞으로 버킷리스트 중 하나인 한 달 일정으로 시베리아 횡단 열차를 타고 여행을 하는 것이 목표다.

20181126 MON

청량리역 부근에서 양영권, 최순희 씨와 만나 식사 후 커피를 마시며 여행 일정 등을 논의한 결과 2019년 1월 2일~2019년 1월 26일로 잠정 합의하였다. 여행기를 쓰려면 한 달 정도 일정이면 더 좋을 것 같은데 최순희 씨가 1월 마지막 주에 들어와야 한다고 해서 그렇게 하기로 했다.

총무는 최순희 씨가 맡기로 하고, 여행 비용은 항공료를 제외하고 1인당 1천 달러를 준비하기로 했다. 양영권 씨는 이 정도면 가능하다고 한다. '한 달 동안 여행하는데 과연 될까' 하는 의심이 들면서도 비용이 적게 든다면 더 좋을 것이라는 생각이 들었다.

양영권과 최순희 씨는 해외여행을 다녀본 경험이 많아 어느 정도 안심이 된다. 갑자기 책을 쓸 일이 생겨 생기가 돈다. 사진기와 노트북도 가져가야 할 텐데 다리가 좀 불편해서 무사히 다녀올 수 있을지 은근히 걱정된다. 불편한 다리로 인해 다른 일행에게 피해를 주지 않을까 하는 우려가 되면서도 할 수 있을 것 같은 생각이 든다. 하여튼 부딪쳐 봐야 한다. 너무 좋은 기회다.

20181129 THU

홍광표 씨가 우리 일행에 추가됨에 따라 양영권, 최순희, 홍광표, 아내 박경희와 본인 5명으로 확정하고 동남아 여행팀 카톡방을 개설하였다. 지난번 라이나전성기캠퍼스에서 여행 관련 강의 들었던 여행사 사장님께 동남아 4개국 여행 일정을 짜 달라고 부탁드렸다.

20181201 SAT

인터파크투어를 통해 양영권 씨가 2019년 1월 2일 21:35발 하노이행 티웨이 항공권을 예약했다고 연락이 왔다. 하노이까지는 5시간 10분이 소요되어 1월 3일 새벽 00:45 도착할 예정이란다. 가격이 저렴한 항공권을 예약하다 보니 늦은 시간대지만 1인당 187,109원이어서 5명이 935,500원에 티켓팅을 완료했다. 늦은 밤에 도착하기 때문에 하노이 '미사도 호텔'에 방 2개를 52,336원을 지급하고 예약을 마쳤단다.

20181203 MON

양영권 씨가 호텔과 항공권을 예약함에 따라 통장으로 1인당 197,567원을 송금했다. 제대로 된 여행을 하기 위해서는 미리 공부와 연구를 하여 배낭여행 갈 때는 자신감을 가질 수 있도록 해야겠다는 생각이 들어서 여행 관련 책을 사서 미리 공부하기 위해 12월 7일 오후 5시 30분에 광화문 교보문고에서 만나기로 약속했다.

동남아 전문가인 사위 대환이에게 통화하여 여행 일정을 잡아 달라고 부탁했다. 전문가가 있으니 이럴 때 도움을 받을 수 있어 유용하다.

20181205 WED

대환이가 투어 일정을 보내왔다. 지도가 없으니까 감이 잡히지 않는다. 보내온 여행 일정은 이렇다.

베트남 하노이 ➡ (비행기) ➡ 다낭 ➡ (버스) ➡ 호이완 ➡ (비행기, 다낭 공항) ➡ 호치민 ➡ (버스 6시간, 비행기 1시간) ➡ 캄보디아 프놈펜 ➡ (비행기) ➡ 씨엠립(앙코르와트, 현지 가이드 이용) ➡ (비행기 1시간, 버스 8~10시간) ➡ 라오스 ➡ (비행기 1시간, 버스 10시간) ➡ 비엔티엔 ➡ (버스 4시간) ➡ 방비엔 ➡ (버스 4~5시간) ➡ 루앙프라방 ➡ (비행기) ➡ 태국 치앙마이 ➡ (버스 2~3시간) ➡ 치앙샌 or 치앙라이 ➡ (비행기) ➡ 태국 방콕 ➡ (버스 or 자동차) ➡ 파타야 or 후아힌 or 끄라비 ➡ 방콕 ➡ (비행기) ➡ 말레이시아 or 싱가포르 일행 5명이 광화문 교보문고에서 다시 만나 동남아 여행 관련 책과 지도를 사고 인근 식당으로 옮겨 저녁 식사를 하며 여행 관련 이야기를 한 결과, 각자 연구를 하여 자기가 가고 싶은 곳을 선정하기로 하였다.

사위한테서 받은 여행 일정을 단체 카톡에 올리자 대부분 찬성하는 분위기다. 내가 주도적으로 하니까 다른 일행은 별생각 없이 그냥 따라오겠다는 것 같다.

〈나라별 추천 관광지〉
- **베트남:** 하노이, 사파, 땀꼭, 하롱베이
- **라오스:** 루앙프라방, 방비엥, 비엔티엔
- **미얀마:** 만달레이, 바간, 양곤
- **태국:** 방콕, 푸껫, 끄라비, 후아힌

이제 보름밖에 시간이 없는데 모두 태평이다. '다른 사람이 준비를 하겠지'라고 생각하는 것 같다. 먼저 나서서 여행 일정에 관해 연구하는 사람이 없다. 이런 식으로 하다가는 여행을 완전 망칠 것 같은 생각이 든다. 배낭여행이 모두 처음인데 한 번 만나자고 하니 일주일 후에나 일정이 잡힌다. 그러면 만난 지 일주일 후에 떠나야 하는데 모두 책임의식이 없어 보인다. 답답하다. 여행을 그만두고픈 심정이다. 나라도 나서야 하나?

유심을 가지고 갈 것인지, 포켓와이파이를 가지고 갈 것인지를 연구해 보니 유심은 나라별로 2개씩 구매할 경우 1개당 1만 원 정도이며, 웬만한 동남아시아 국가에서 모두 터지는 '팬아시아 포켓와이파이'는 1일 임대료가 8,800원으로 10% 할인하여 7,900원이기 때문에 3~4명이 함께 사용할 수 있다고 한다. 1달 정도 사용하려면 유심이 더 저렴하여 유심을 사기로 하였다.

2018.12.17 MON

양영권 씨, 최순희 씨와 조계사 내 전통찻집에서 번개팅으로 만나 준비사항을 점검했으나, 그동안 별로 준비도 안 했으면서 또 걱정할 필요가 없다는 식으로 이야기를 한다. 양영권 씨가 이번 여행팀의 팀장을 맡고, 최순희 씨가 총무를, 나는 사진 촬영을 담당하기로 했다. 두 사람은 내가 이번 배낭여행에 대해 너무 걱정하고 있다며 위로를 해 주어 그냥 차만 마시고 헤어졌다. '뭐 어떻게 되겠지'라는 생각과 좌충우돌 부딪쳐 가면서 여행을 하면 될 것 같은 생각이 들기도 한다. 유심칩은 내가 나라별로 2개씩 구매하기로 했다.

2018.12.18 TUE

양 팀장이 국민은행 MVIP인 관계로 1달러당 1149.77원에 환전을 할 수 있다고 하여 우리는 부부 2명이라 2천 달러 환전을 부탁하면서 230만 원을 송금했다.

2018.12.23 SUN

그냥 가만히 있는 것이 걱정되어 동행인들에게 이번 여행에 관해 연구할 것을 독려하는 카톡 문자를 보냈다. 젊은 사람도 여행을 갈 때 모든 것을 예약하고 연구를 하고 가는데 우리 일행은 모두 태평이라 걱정이 된다. 나만이라도 공부를 해 봐야겠다. 감기 기운이 돈다. 여행 가기 전까지 완쾌되어야 할 텐데 걱정이 또 된다.

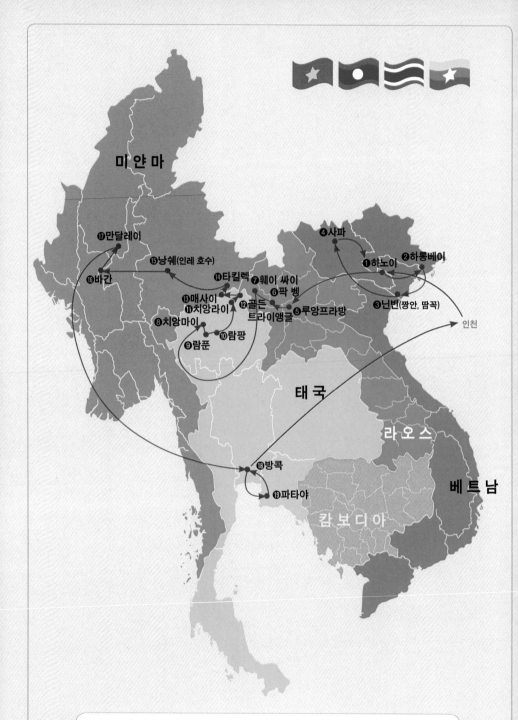

미얀마

베트남

라오스

캄보디아

태국

⑰만달레이
⑮냥쉐(인레 호수)
⑯바간
④사파
①하노이
②하롱베이
⑭타킬렉
⑦훼이 싸이
⑥팍 벵
③닌빈(짱안, 땀꼭)
⑬매사이
⑪치앙라이
⑫골든
트라이앵글
⑤루앙프라방
인천
⑧치앙마이
⑩람팡
⑨람푼
⑱방콕
⑲파타야

베트남 ❶ 하노이 ▷ **❷** 하롱베이 ▷ **❸** 닌빈(짱안, 땀꼭) ▷ **❹** 사파 ▷ 하노이 ▷ **라오스 ❺** 루앙프라방 ▷
▷ **❻** 팍 벵 ▷ **❼** 훼이 싸이 ▷ **태국 ❽** 치앙마이 ▷ **❾** 람푼 ▷ **❿** 람팡 ▷ **⓫** 치앙라이 ▷ **⓬** 골든 트라이앵글
▷ **⓭** 매사이 ▷ **미얀마 ⓮** 타킬렉 ▷ **⓯** 냥쉐(인레 호수) ▷ **⓰** 바간 ▷ **⓱** 만달레이 ▷ **태국 ⓲** 방콕 ▷ **⓳** 파
타야 ▷ 방콕 ▷ 인천

Part 01

다 같이 출발,
베트남으로

✑ 출국부터 아슬아슬, 우리 떠날 수 있을까? ✑

✦ 걱정을 안고 공항으로

여행용 가방에 물품을 챙겨 넣고 출발할 시각이 좀 남아 커피를 한잔하면서 느긋하게 기다린다. 초조하고 불안한 마음은 가시지 않는다. 오후 4시 집에서 출발하면 베트남 하노이 공항에는 자정이 넘어 도착한다. 숙소까지 가려면 택시를 타야 할 텐데 5명이 여행용 가방을 들고 탈 수가 없어 2대로 나누어 타야 한다. 그러면 누구와 누구로 나누어 탈 것인지를 생각해 본다. 양 팀장이 그래도 여행을 많이 해 봤으니 여자 두 명과 같이 타고 나와 광표 씨가 타는 것이 좋을 것 같은 생각이 드는 등 머리가 복잡해진다.

모두 별걱정이 없는데 나 혼자서 속이 타는 모양이다. '뭐 부딪혀 보면 다 해결 방법이 있겠지. 느긋하게 마음먹자'라고 생각은 하지만 불안하기는 마찬가지다.

무사히 한 달간 동남아 4개국 여행을 잘 마무리하고 은퇴자들의 배낭여행 안내서를 낼 수 있기를 바란다. 제목은 '은퇴자들의 동남아 한 달 배낭 여행기'로 생각해 본다.

양 팀장에게 부탁하여 1인당 1,000달러를 환전하여 공동 경비로 사용하기로 했다. 항공권 요금은 1인당 197,567원을 양 팀장에게 송금했다. 아들과 딸 내외가 여행 경비로 준 돈을 환전한 355달러와 갖고 있던 255달러와 신 사돈이 지원한 1,000밧을 준비하였다. 우리 부부가 준비한 총 경비는 미화 2,610달러와 태국 돈 1천 밧과 항공권 395,134원이다. 한화로 환산하면 3,431,634원이다. 우리 부부의 총 여행 경비다.

저녁 9시 35분에 출발하는 베트남 하노이행 티웨이 항공 비행기를 타기 위해 오후 5시 40분에 우리 부부는 인천 공항 1터미널에 들어섰다. 일행도 10여 분 간격으로 도착했다.

✦ 걱정이 현실로, 출국 불가?

짐을 부치고 체크인하려고 줄을 섰더니만 하노이 비행기는 6시 30분부터 발권 업무를 시작하니 좀 기다렸다가 시간 되면 오란다. 모두 배낭여행에 대해 기대 반 우려 반의 기분이 들어 일찍 나온 것 같다. 패키지여행만 다니다 모든 것을 스스로 알아서 여행해야 한다는 게 부담은 되지만 5명이 지혜를 짜고 힘을 합치면 어떻게든 되겠지 하는 심정으로 출발하는 것이다.

시간이 되어 줄을 서 30분쯤 기다리니 우리 차례. 이티켓을 제시하니 귀국하거나 다른 나라로 가는 티켓을 보잔다. 우리는 베트남, 라오스, 태국, 미얀마를 둘러본 후 다시 태국으로 들어가 관광한 후 1월 말 귀국할 계획인 관계로 다음 지역으로 이동하는 티켓은 아직 구입하지 않았다. 대강의 일정만 있을 뿐 구체적인 계획 없이 여행을 떠나는 것이다.

우리의 상황을 이야기하니 창구 여직원은 리턴 티켓이 없으면 베트남에서 입국이 안 된다면서 출국 항공권을 발권해 줄 수 없다고 한다. 시간은 자꾸 지나가는데 어쩔 방법이 없다. 창구 직원은 아무 시간대나 가격이 저렴한 것으로 하노이에서 다시 인천 공항으로 오는 티켓을 발권한 후 베트남에 입국한 다음, 티켓을 취소하면 된다고 한다. 그 대신 현장에서 발권한 관계로 1인당 1만 원의 추가 요금이 부과되고 취소할 경우 수

배낭여행은 처음이라서

수료를 내야 한단다. 하노이로 출국하기 위해서는 방법이 없다. 시간은 자꾸 지나가는데 마음이 조급하다.

하는 수 없어 우선 가장 저렴한 날짜인 1월 8일 새벽 1:35 하노이발 인천행 표를 골랐다. 창구 여직원이 내 핸드폰을 가지고 티웨이 항공 홈페이지에 가입하여 5명의 영문 이름과 주민등록번호 등을 기재하고 카드로 결제를 하려고 하였으나 불가능했다. 결국 창구 직원 핸드폰으로 다시 시도했더니 됐다. 1,085,550원을 지불하고 발권한 후 이티켓을 프린트까지 해 준다. 정말 고맙다. 친절한 창구 직원이 아니었으면 출발을 못 할 뻔했는데 다행히 티켓팅을 하게 되었다.

I 인천 공항 출국장에서 셔틀 트레인을 타고 게이트로 가는 일행

✦ 간신히 출국

창구에서 리턴 티켓을 발급하느라 1시간 30분 이상이 걸려 좌석표를 받고 나니 8시 30분이 지났다. 출국 절차를 밟고 출국장으로 나오니 9시가 다 되어 간다. 급히 샌드위치와 요구르트를 사서 제일 먼 위치에 있는

103번 출국 게이트에 오니 벌써 비행기 탑승이 시작되었다. 샌드위치를 탑승구 앞 의자에 앉아 허겁지겁 먹다 탑승을 마무리한다는 방송이 나와 먹던 샌드위치를 들고 비행기에 탑승했다. 거의 마지막으로 비행기에 들어섰다. 야구에서 간신히 슬라이딩하여 세이브하는 것 같은 모습이다. 그래도 무사히 떠날 수 있어서 다행이라는 생각이 든다. 배낭여행을 준비하면서 리턴 티켓 필요성에 관한 이야기가 있어 인터넷을 찾아봤지만 없어도 될 것 같아 그냥 왔더니 낭패를 당했다.

내 자리를 찾아 앉으니 안도감이 밀려온다. 비행기 타는 것부터 이렇게 힘든 것을 보니 우리의 배낭여행이 순조롭지만은 않을 것 같은 예감이 든다. 앞으로 한 달 동안 어떤 난관이 있을지 또 그 어려움을 어떻게 헤쳐 나갈 수 있을지, 무사히 여행을 마무리할 수 있을지 등 앞으로 전개될 새로운 도전이 우려되면서도 재미있을 것 같아 은근히 기대되기도 한다. 하여튼 비행기는 제 시각에 이륙하여 날아간다. 환갑이 지난 은퇴자 5명의 한 달간의 배낭여행이 시작되었다. 하노이 공항에서는 무사히 빠져나갈 수 있을지 모르지만 부딪쳐 보는 수밖에 없다.

비행기가 이륙하자 하노이의 노이바이 공항까지는 4시간 40분이 소요되며, 현지는 영상 15도라는 안내가 나온다. 열 내의와 패딩을 입고 비행기를 타서 덥다. 비행기는 저녁 9시 50분에 이륙했다.

비몽사몽간에 졸다 깨어났는데도 아직 2시간밖에 지나지 않았다. 좁은 좌석에 앉아 있는 데다 열 내의를 입고 와서 그런지 덥기도 하고 종아리 부분이 조여 온다. 화장실에 가서 내의를 갈아입고 나니 기분이 전환되고 몸 상태도 훨씬 좋다. 유심을 갈아 끼우고 베트남 하노이 입성 준비를 한다. 기대 반 걱정 반이다.

노트북에 깔아 놓은 음악 프로그램이 있어 틀었다. 감기 기운으로 머리가 상쾌하지 않았는데 이어폰을 끼고 음악을 들으니 기분이 좀 전환되는 것 같다. 장거리 여행을 할 때는 좀 무겁더라도 노트북에 영화나 음악

배낭여행은 처음이라서

프로그램을 깔아 와서 듣거나 감상하면서 간다면 지겨운 것 없이 좀 더 즐거운 여행을 할 수 있을 것 같다. 이어폰을 통해 들려오는 색소폰 음악이 상쾌하다.

✦ 드디어 도착, 하노이

4시간 40분 걸려 하노이 노이바이 공항에 도착했다. '입국 시 문제가 없어야 할 텐데' 하는 두근거리는 맘으로 입국 심사대에 들어섰다. 양 팀장이 제일 앞에 서고 여자 2명, 나, 광표 씨 순으로 들어가기로 했다. 앞서서 들어간 일행이 무사히 통과한다. 리턴 티켓을 보자는 이야기를 않는 것 같다. 내가 입국 심사대 앞에 들어가자 가슴이 두근거린다. 현장에서 갑자기 구입한 항공권이 문제가 되지 않을까 우려하며 서 있는데 컴퓨터 화면을 한참 응시하던 입국 심사 직원이 들고 있던 스탬프로 여권에 도장을 꽝 찍어 주며 들어가란다. 일행 중 아무에게도 리턴 티켓을 보자고 하지 않았다. 다행이라는 생각이 들자 긴장했던 마음이 놓인다.

공항에서 승합차 택시를 타고 예약한 하노이 시내 호텔에 도착하니 새벽 2시다. 한국 시각으로는 4시다. 하여튼 무사히 호텔까지 도착했다니 다행이다. 호텔 입구에 오니 문이 잠겼다. 문을 두드리니 입구 간이침대에서 잠자던 직원이 일어나 웬일이냐는 투로 물어본다. 한국에서 온 여행객이라며 이름을 이야기하니 문을 열어 준 다음 방으로 안내를 해 준다. 남녀로 나누어 방에 들어가니 드디어 베트남 하노이에 무사히 도착했다는 것이 실감 난다. 많은 우여곡절을 겪으면서도 이 먼 길을 찾아온 것이다. 신발을 신은 채로 침대에 벌렁 누우니 드디어 긴장감이 풀린다. 육십 넘은 은퇴자들의 동남아 좌충우돌 배낭여행이 한 달간 어떻게 진행될지 생각하니 가슴이 두근거린다.

좌충우돌, 하롱베이 가는 길

✦ 하노이의 아침

7시 호텔 옥상 층에 있는 식당에서 쌀국수로 베트남에서의 첫 아침 식사를 했다. 베트남에 무사히 도착하여 전망이 탁 트인 식당에서 아침을 먹으니 우리가 장하다는 생각이 든다. 식사 후 8시경 1층으로 내려와 전화로 리턴 티켓을 환급하려고 하였으나 통화가 되지 않아 노트북으로 취소하자 환급 수수료가 221,500원이나 된단다. 리턴 티켓이 있어야 한다는 것을 알고 대처했더라면 이런 일이 없었을 텐데 많이 아쉽다. 지나간 일이니 할 수 없다.

✦ 머나먼 하롱베이로 가는 길

하롱베이부터 관광하기로 하고 버스를 타기 위해 9시경 출발하면서 호텔 측에 일행이 5명인 데다 캐리어가 4개나 되니 큰 택시를 불러 달라고 했는데 현대 i30 택시가 왔다. 하노이 택시는 대부분이 i30이다. 자부심이 생긴다. 택시 기사에게 우리는 큰 택시를 불렀는데 왜 작은 차가 왔느냐고 하자 다 실을 수 있단다. 기사는 자동차 트렁크를 열더니 우리의 여행용 가방 4개와 배낭 하나를 모두 실었다. 뒷좌석에 4명이 끼어 타고 조수석에 1명이 탈 수가 있다. 조그만 트렁크에 우리 짐이 다 들어간다니 대단하다. 10분 정도를 달려 도로변 어떤 호텔 앞에 내려 주면서 조금 기다리면 하롱베이로 가는 버스가 온다고 한다. 택시비가 얼마냐고 물으니 2만 동이라 하여 깜짝 놀랐는데 알고 보니 우리 돈으로 환산하면 1천 원 정도다.

✦ 길 안내 비용은 20만 동

호텔 앞에서 좀 기다리다 길 가는 사람에게 물어보니 하롱베이로 가는 차를 타는 곳은 이곳이 아니라 다른 곳이라고 하면서 안내를 해 주겠다고 하여 캐리어를 끌고 털털거리는 길을 따라가 봤지만 자기도 잘 모르는 눈치다. 길거리에서 이 사람 저 사람을 통해 물어보다 결국 자가용 영업 택시를 타고 12시에 하롱베이로 출발했다. 3시간 동안 우왕좌왕하며 시간을 허비한 데다 하롱베이로 가는 버스 요금의 2배나 되는 170만 동이나 지급하고 가게 된 것이다. 우리 돈 1천 원이 베트남 돈으로는 대략 2만 동이다. 그러니까 베트남 가격을 20으로 나누면 우리나라 가격이다.

버스 정류소에 있는 식당 앞에서 하롱베이로 가는 버스를 기다리고 있으니 식사하던 손님 중에 한국에서 사업하다 온 사람이 택시를 불러 주기도 했으며, 또 한국어를 공부하고 있다는 학생이 교통편을 알려주기도 했다. 그랩 택시를 불렀더니 택시는 근방에 왔다는데 우리가 있는 곳으로 찾아오지를 못하여 결국 취소했다. 말도 통하지 않고 방법을 모르니 시행착오를 겪을 수밖에 없다. 우리 일행을 이곳으로 안내해 준 사람은 우리가 자가용 택시를 타고 가기로 하자 그동안 수고한 비용을 달란다. 얼마냐고 했더니만 20만 동이란다. 우리와 함께 알아봐 주고 안내를 했지만, 당신이 소개한 것도 아니지 않으냐고 했더니만 그래도 막무가내로 달란다. 소개를 부탁한 것도 아니고 자발적으로 안내를 해 놓고 수고비라니 좀 황당했다. 그래서 한국 돈 5천 원을 줬더니만 화를 내며 안 받겠다고 해서 조금 달랬더니 투덜거리면서 돈을 받아 가 버린다. 수고하기는 했지만, 자발적으로 안내를 해 주겠다고 해 놓고 수고비를 달라고 하는 것이다.

✦ 택시 기사의 친절

　우리 일행을 태운 자가용 영업 택시는 하롱베이로 가는 고속도로를 시원하게 달린다. 시내를 벗어나니 좌우로 넓은 들판이 펼쳐져 있다. 기사가 한참을 달리다 도로변에 세우더니 길거리에서 살구 크기의 대추처럼 생긴 파란색의 '신 사과'를 샀다. 먹어 보니 신맛은 좀 나지만 맛도 괜찮았고 그동안 차편을 구한다고 길거리에서 신경을 써서 그런지 시장기가 있었는데 해소됐다. 조그마한 것이지만 마음 씀씀이가 고마워 분위기가 푸근해진다. 하롱베이로 가는 고속도로 주변은 산은 보이지 않고 넓은 들판만 끝없이 펼쳐져 있다. 고속도로에 차량이 드문드문한데도 100킬로미터 정도로 정속 주행한다. 베트남 사람들의 느긋한 모습이 부럽다.

Ｉ 길거리에 차를 세운 택시 운전사가 신 사과를 구입하는 모습

　기온은 14~15℃다. 열 내의를 입고 그 위에 패딩을 입었다. 톨게이트 비용이 21만 동이다. 날씨는 구름이 잔뜩 끼어 있고 안개가 자욱하다. 어제 새벽에 도착한 후 제대로 쉬지 못해서 피곤했던지 깜빡 졸고 나니 개운해진다. 도로를 건설한다거나 아파트를 짓는 등 공사하는 모습이 군데군데 보인다. 아스팔트 포장이 깨끗하다. 현대자동차 마크를 단 버스와

　　　　　　　　　　　　　배낭여행은 처음이라서

트럭, 택시, 자가용 등이 즐비하다. 뿌듯한 자부심이 생긴다. 거기다가 호텔이나 길거리에서 박항서 감독을 이야기하니 '최고' 하며 엄지손가락을 치켜세운다. 모두들 피곤해서 그런지 잠이 들어 조용하다.

한참을 달리다 중간 휴게소에 들러 커피를 한잔하고 휴식을 취하니 차편을 구하느라 신경 썼던 것으로 인한 스트레스가 해소되는 듯하다. 휴게소에서는 진주조개를 양식하고, 진주를 가공하여 만든 목걸이나 반지 등을 판매하기도 한다. 또 저 멀리에는 하롱베이의 산들이 안개에 가려 희미하게 넓게 펼쳐져 보인다. 얼마 지나지 않아 하롱베이에 도착하여 기사가 소개해 준 식당에 들어가 늦은 점심을 먹었다. 메뉴는 새우와 조개, 감자튀김 등 주로 해산물이었다. 저녁 6시경에 환전을 하기 위해 환전소에 들른 후 바로 앞에 있는 호텔에 들어가 가격을 물어보니 2인실과 3인실 룸 2개를 70만 동 달라는 것을 할인하여 60만 동에 투숙하기로 하였다. 방 하나에 1만 5천 원이다. 물가가 상당히 저렴하여 기분이 좋다.

✦ 비오는 저녁의 베트남 포장마차

호텔방에 짐을 풀고 하롱베이 주변을 둘러보기 위해 나섰다. 평일 오후라 그런지 관광객이 많지는 않다. 케이블카의 케이블이 육지에서 바다 건넛산 위로 길게 늘어서 있고 바닷가에는 하롱베이 특유의 높다란 섬들이 보인다. 하롱베이는 이구아수 폭포, 아마존 우림, 제주도 등과 함께 뉴세븐원더스 재단이 2011년 전 세계인을 대상으로 인터넷 투표를 통해 세계 7대 자연경관으로 선정한 곳이다. 도로를 따라 길게 늘어서 있는 식당가와 주변을 둘러본 다음 재래시장에 들러 음식을 먹으려 하였으나 부근에는 재래시장이 없다고 한다. 이슬비가 오는 관계로 더 이상 식당 찾기를 포기하고 골목으로 들어와 도로변 포장마차에서 닭튀김과 쌀국수에 베트남 술을 마시며 오늘 일을 반성해 본다. 길거리 음식이라 아주 맛있는 것은 아니지만 그래도 먹을 만하다. 비가 추적추적 내리는 가운데 골목길에 천막이 쳐진 포장마차에서 먹는 음식과 술맛도 그런대로 운치가 있다. 닭고기 2인분과 쌀국수 3그릇에 술 1병이 29만 동이다. 우리나라 돈으로 14,500원이다. 가격이 저렴해도 너무 저렴하다.

오늘은 아무런 계획도 없이 우왕좌왕하다 비싸게 자가용 택시를 타고 오느라 하루를 다 보냈다. 앞으로는 매일 저녁 다음 날 일정을 협의하여 규모 있고 계획적인 여행을 하기로 했다. 내일은 하롱베이 1일 투어를 호텔 측에 부탁하여 예약했다. 그리고는 5시에 닌빈으로 가서 1박을 한 후, 땀꼭에서 1일 관광을 한 다음 하노이로 돌아와 토요일에는 사파를 관광하기로 계획을 세웠다. 베트남에서 여행 일정은 대강 정해진 것이다. 하롱베이 1일 투어는 1인당 80만 동, 즉 4만 원에 하기로 예약했다. 패키지 관광보다 시간을 규모 있게 활용하지는 못하지만 여유롭고 스스로 여행 일정을 조절하고 즐기며 관광을 한다는 장점이 있다. 구글 번역기로 대강은 의사소통이 되고 호텔 같은 곳에서는 영어로도 간단히 의사 교환이 가능하지만 원활히 소통하는 데는 영어 실력이 달린다.

저녁을 먹고 오면서 슈퍼에 들러 맥주와 가벼운 안주를 준비하여 숙소에 들어와 여행과 관련하여 의견을 교환했다. 우리나라보다 2시간이 늦으니 시간이 상당히 늦게 가는 것 같다. 한참을 이야기하며 맥주를 마셨는데도 10시다. 이제 2일 차 여행인데도 오늘 하롱베이로 오느라 고생을 해서 그런지 상당히 여러 날 지난 것 같은 기분이다. 앞으로는 잘할 수 있을 것 같은 자신감이 생긴다. 좋은 징조다. 베트남도 소득 수준이 높아져서 그런지 사람들의 인상이나 외모로 풍기는 모습이 몇 년 전과는 달리 매우 세련된 것 같다.

배낭여행은 처음이라서

| 멋지게 조명을 밝힌 하롱베이 거리 풍경

| 하롱베이 골목길 포장마차에서 한잔하며 하루의 노고를 자위하는 일행

비취색 바다 위 봉우리, 하롱베이

✛ 하롱베이 호텔에서 맞은 아침

어제저녁에는 날씨가 좀 쌀쌀하여 잠을 자면서 위 내의와 반바지를 입고 잤다. 소변이 마려워 새벽 4시 40분에 잠이 깨었는데 이불이 얇아 추워서 잠이 잘 오질 않는다. 몸을 움츠리고 이리저리 뒤척이는데도 잠이 오지 않아 옷을 더 껴입고 잘걸 하는 후회가 됐다. 할 수 없어 5시 반에 일어나 화장실을 다녀온 후 패딩을 입고 일지를 정리했다. 페이스북에 여행 동향을 매일매일 올리는 것을 생각해 본다.

7시경 숙소에서 아침 식사로 빵과 계란 2개와 커피 한 잔을 준다. 후식으로 바나나 1개도 준다고 하더니만 마켓이 문을 닫아 사지 못했단다. 참말인지 거짓인지는 몰라도 밉지는 않다.

어제 택시를 타고 오면서 운전대 앞에 성모상이 있어 나도 가톨릭 신자라고 하니 반가워한다. 불교가 대세인 베트남이지만 프랑스의 식민지를 겪은 나라라서 그런지 가톨릭 신자도 꽤 있는 모양이다.

하롱베이 관광 출발에 앞서 호텔 프런트 직원에게 우리가 관광을 마치고 4시에 호텔에 도착하면 닌빈으로 가는 버스 터미널까지 안내를 해 달라고 부탁하니 흔쾌히 수락한다. 닌빈까지는 4시간 정도 걸린단다. 어제 저녁에 비가 와서 땅이 젖었다. 저녁은 14℃ 낮은 17℃ 정도다.

프런트 아가씨는 미혼인 것처럼 보이는데 아이가 두 명인 엄마란다. 영어가 유창하다. 일행 중 순희 씨는 아기 옷을 가지고 다니다 어려운 사람을 보면 주기도 한다면서 챙겨 온 아기 옷을 여직원에게 준다. 여직원은 매우 고마워한다. 그리고 박항서 사진을 보여 주면서 농으로 자기 아버지란다. 베트남에서 인기가 대단하단다. 우리 일행 3명이 모두 박항서와 닮았다고 한다.

✦ 하늘 용이 떨어뜨린 바위 섬

아침 식사 후 호텔로 온 마이크로버스를 타니 버스가 여러 호텔을 돌며 하롱베이 관광을 예약한 사람들을 태우고 선착장으로 간다. 선착장 안으로 들어가 잠시 쉬고 있는데 종업원이 우리가 한국에서 온 것을 알고는 한국의 유명인사와 대통령, 서울시장 등의 이름과 한국 음식 등을 이야기하며 커피 등을 사라고 권유한다. 커피를 한잔 마시지 않을 수가 없다. 한국의 관광객이 많다는 것과 한국의 위상이 상당히 높아졌다는 것을 실감했다. 30여 명의 탑승자 중의 대부분은 서양인이고, 어머니를 모시고 온 두 딸 등 한국인이 우리 일행 포함 8명이다.

10여 년 전에 한 번 다녀갔는데 오랜만에 다시 오니 새로운 분위기이지만 예전 생각이 난다. 하롱베이는 통킹만에 있는 세계 7대 자연경관으로 선정된 명승지로, '하롱'이란 하늘에서 내려온 용이라는 의미이며, 바다 건너에서 쳐들어온 침략자들을 막기 위해 하늘에서 용이 이곳으로 내려와 입에서 보석과 구슬들이 바다로 떨어지면서 갖가지 모양의 기암이 되어 침략자들을 물리쳤다고 하는 전설에서 유래하였다고 한다. 바다 위에 높고 뾰족한 산들이 수없이 떠 있는 형상이다. 이런 섬들이 2천여 개나 된다고 한다. 배를 타고 앞으로 가면 갈수록 두 얼굴이 마주 보고 있는 뽀뽀 바위, 엄지손가락을 닮은 엄지 바위 등 각양각색 모습의 아름다운 섬들이 나타난다.

날씨가 조금 흐려 안개가 자욱하다. 비취색의 파란 바다에 무수한 기

ㅣ 하롱베이의 멋진 풍경. 아래 사진은 닭 두 마리가 마주 보고 입맞춤을 하는 것 같아 '뽀뽀 바위'로 불린다.

암괴석들이 솟아 있는 모습이 마치 한 폭의 동양화처럼 아름답다. 고즈넉한 풍경과 분위기가 중국의 명승지를 연상시켜 '바다의 계림'이라고도 불린다. 아름다운 자연 경관과 지리적인 가치를 인정받아 세계자연경관

배낭여행은 처음이라서

으로 선정되었다. 배를 타고 앞으로 나아가면 갈수록 각양각색의 아름다운 섬들이 자태를 뽐내자 관광객들이 환성을 지른다. 세계 7대 경관으로 선정되기에 결코 손색이 없어 보인다. 관광객을 태운 배들이 이런 경관을 먼저 보고 싶어 경쟁하듯 앞으로 나아간다. 대부분이 바위산으로 그 위에 나무가 듬성듬성 보인다. 산꼭대기가 뾰쪽하지 않고 조금 둥그스름하게 생겼다.

우리 일행 중 한국에서 40대의 두 딸이 모시고 온 어머니는 연세가 79세인데 커다란 캐논 카메라에 망원렌즈를 끼우고 왔다. 그 연세에 무거운 카메라를 메고 10여 년 동안 사진을 찍어 왔다니 감탄스럽다. 다른 사람 같으면 걸어 다니는 것도 힘들 텐데 카메라를 메고 외국으로 사진 촬영을 다닌다니 대단하다. 서로 이야기를 나누는 중에 내가 여행 책을 냈다는 이야기를 듣고는 관심을 가져 네이버에 소개된 화면을 보여 드렸더니 책을 꼭 사 보겠단다.

관광객을 태운 수많은 배는 하롱베이에서 가장 아름다운 석회동굴인 '항티엔꿍 동굴(승솟 동굴)' 앞 선착장에 멈춘다. 해발 50m 정도 되는 동굴에 들어가면 형형색색의 석회석과 마주하게 된다. 계단을 올라가 둘러보는 데는 30분 정도 걸린다. 동굴 중앙에는 엄청나게 높은 공간이 있으며, 그리 길지 않고 빙 둘러보고 오는 코스로 되어 있다. 우리나라에서 보는 동굴보다 규모 면에서는 별로 큰 편은 아니며, 특별히 볼 것도 없는 편이다. 동굴을 둘러보고 배로 돌아왔더니만 배 안에 6인용 식탁에 점심을 차려 놓았다. 우리는 벨기에에서 혼자 온 29세의 여자와 한 테이블에서 식사했다. 6·25 때 우리를 도와준 나라라는 것이 생각나 고맙다는 인사를 했더니 오히려 고맙다면서 좋아한다.

✦ 티토섬 정상에서 바라본 하롱베이

하롱베이의 그 많은 섬 중에 배가 정박하여 사람이 상륙할 수 있는 곳은 많지 않다. 사람이 내릴 수 있는 섬 중에 티토섬이 있다. 유고 대통령인 티토가 방문했다고 해서 '티토 아일랜드'라고 명명되었단다. 티토섬은 많은 계단을 한참 올라가면 정상에 전망 좋은 정자가 있다. 계단을 올라가느라 숨이 헐떡거린다. 정자에서 숨을 고르고 시원한 바람을 쐬며 주변에 보이는 하롱베이의 멋진 경치를 감상했다. 안개가 아직 걷히지 않아 조금 흐리다. 나는 산에 오를 것에 대비하여 등산용 지팡이를 가지고 왔다. 1년 전에 허벅지 뼈가 부러져 철판을 넣고 나사못으로 고정해 놓았지만, 아직 완치되지 않아 철판을 제거하지 않았다. 그래서 높은 계단을 오르는 것이 불편하고 내려오는 것은 오히려 더 힘들다. 그런 것을 대비해서 스틱 1개를 가져왔다. 정자까지 그 많은 계단을 올라갔지만 내려올 때는 스틱에 의지하지 않으면 어려움이 많다. 오래전에 하롱베이에 왔을 때 다녀온 곳이지만 정상까지 또 올라가 봤다. 열 내의를 아래위로 다 입은 상태에서 올라갔더니만 덥다. 땀이 난다. 아래에 내려와 덥고 피곤하여 모래사장에 비치된 대나무 의자에 좀 앉았더니 종업원이 오더니 의자에 앉는 비용을 달란다. 좀 야박하다는 생각이 들었지만, 그냥 일어나서 선착장으로 왔다.

돌아오는 도중에는 진주조개 양식장을 들러 진주로 만든 물품들을 구경하는 한편 카약을 탈 수 있는 시설이 있어 2명이 한 조가 되어 1시간 정도 탔다. 아름다운 섬들로 둘러싸인 비취색의 눈부신 바다에 2인용의 좁은 카약을 타고 노를 저어 에메랄드빛의 깊은 바다에 나가니 처음에는 겁이 났는데 조금 지나자 익숙해진다. 경희는 무섭다고 타지 않겠다더니 구명조끼를 입으면 괜찮다고 하니까 마지못해 타고는 시간이 지나자 즐거워한다. 한 시간 정도 노를 저으며 주변을 돌아보았더니 땀도 나고

배낭여행은 처음이라서 🐾

힘도 들었지만 멋진 풍경을 보며 파란 바다에서 카약을 타는 기분은 환상적이다.

| 하롱베이의 비취색 바다에서 카약을 타는 모습

✦ 하롱베이에서 닌빈으로

4시경에 선착장으로 다시 돌아왔다. 5시에 닌빈으로 가는 버스를 타야 하기 때문에 시간이 촉박하다. 호텔로 돌아와 카운터 여직원에게 부탁하여 닌빈으로 가는 버스를 탈 수 있도록 택시를 불러 달라고 하자 택시비와 5명의 버스 비용을 포함하여 100만 동을 달란다. 우리 돈 5만 원이다. 괜찮은 것 같아 좋다고 하니 택시를 불러서 우리의 여행용 가방을 싣고 10여 분 정도를 달려서 국도변에 내려 준다. 길거리에서 조금 기다리자 중형 버스가 와서 선다. 택시 기사가 버스 안내원에게 이야기하자 우리를 태우고 출발했다. 버스는 포장은 되었지만 털털거리는 시골길을 달리며 계속 경음기를 울린다. 오토바이들이 버스와 같이 도로를 달리니 이들에게 경계하라는 차원에서 경음기를 울리는 것 같다.

조금 오다 보니 벌써 날이 어두워졌다. 중간에 휴게소에 들러 화장실을 다녀온 후 달걀과 빵과 음료수를 구입해 먹으니 허기가 조금 해소된다. 휴게소라는 것이 우리의 시골 면 단위에 있는 휴게소보다 못한 시설이다. 화장실 대변 보는 곳은 문도 제대로 없는 상태다. 3시간을 달려 닌빈에 도착했다. 오는 도중에 버스에서 통역 앱을 통해 옆에 있는 현지인에게 닌빈에 도착하면 숙박업소를 어떻게 구할 수 있는지에 대해 문의하자 친절히 안내해 준다. 고맙다. 젊은 친구들은 우리가 한국에서 왔다고 하니 '박캉스'를 외치며 환영해 준다. 박항서 감독의 인기가 이런 곳에서도 위력을 발휘한다. 한 사람의 축구 지도자로 인해 국가의 위상이 이렇게 높아지는 것을 보니 기분이 좋다.

✦ 닌빈 도착, 늦은 저녁 식사

버스는 우리를 닌빈 시내 도로변 길거리에 내려 준다. 우리나라의 터미널 같은 시설은 없는 모양이다. 벌써 저녁 8시 40분이다. 우리나라의 읍 소재지 정도의 도시 같다. 어두운 밤길을 여행용 가방을 끌고 조금 걸어가니 허름한 호텔이 보여 들어가니 남자 혼자 있는데 영어를 전혀 못 해 통역 앱을 통해 겨우 의사소통을 하여 방 2개를 구했다. 짐을 들어놓고 저녁을 먹으러 주변을 둘러보아도 벌써 가게 문을 거의 닫은 상태다.

허기지고 지친 몸을 이끌고 시내 뒷골목을 한참을 돌아다니다 겨우 식당을 찾아 쌀국수에 맥주와 베트남 술을 시켜 저녁을 맛있게 먹었다. 허름한 가게인 데 비해 쌀국수는 아주 맛있다. 오랜 시간 동안 버스를 타고 온 데다, 식당을 찾느라고 어두컴컴한 거리를 한참을 헤매고 다니느라 긴장을 했던 탓에 목이 말라서 그런지 맥주 한잔이 꿀맛이다. 베트남의 한적한 시골 식당에서 맥주를 마시고 있을 줄이야. 안도감이 밀려온다.

느긋하게 식사를 마치고 호텔로 돌아와 내일 일정을 협의했다. 내일은 닌빈역 주변에 가서 여행사를 찾아 1일 투어를 하기로 했다. 샤워를 하고 3일 만에 양말과 러닝을 세탁했다. 12시 반이 되어 간다. 3명이 자는 방이라 오랫동안 불을 밝혀놓고 여행기를 쓰는 것이 방해될 것 같아 어느 정도 정리를 해 놓고 마무리했다. TV를 켜 놓은 채 옆에서는 벌써 코를 골며 잔다. 많이 피곤한 모양이다.

석회암 괴석의 향연, 짱안과 땀꼭

✦ 무단횡단을 조장하는 도시

7시에 일어났다. 어젯밤에는 바지와 패딩을 입고 양말을 신은 채로 잤더니 따뜻하여 숙면을 취했다. 숙소에 난방 시설이 없는 데다 날씨가 쌀쌀하여 밤에는 춥다. 또 안개가 끼거나 흐린 날씨가 지속되어 좀 춥게 느껴진다. 어제 오전에는 빗방울이 조금 뿌리더니 오후에는 햇빛도 좀 났었다.

여기는 대부분 이동 수단이 오토바이인 관계로 도로의 횡단보도가 없는 것이 우리와 다른 모습이다. 걸어서 다니는 사람은 거의 없다. 걸어서 길을 건너려면 차나 오토바이가 드물 때 적당히 무단 횡단해야 한다. 오토바이가 차량과 꼭 같이 도로 중앙차선으로 다니니 자동차들이 이들에게 주의를 환기하기 위해서 계속 경음기를 울린다. 그럴 수밖에 없을 것 같다.

호텔이 외부는 7층 건물로 멀쩡하게 생겼으면서도 내부 시설은 형편없다. 가격이 저렴해서 그런지 방 2개에 50만 동이다. 우리 돈으로 방 하나에 1만 2천 5백 원이다. 가구는 30년도 더 된 것 같고 매트리스도 딱딱하고 이불도 얇다. 그러니 가격이 저렴할 수밖에 없을 것이다.

우리는 호텔 측에 짐은 저녁에 찾아가겠으니 맡아 달라고 양해를 구하고 닌빈 기차역 부근으로 1일 투어를 알아보기 위해 여행사를 찾아갔다. 기차역 주변에는 보통 여행사가 있으므로 찾아 나선 것이다. 걸어서 10분

거리인 닌빈역 앞 투어리즘(TOURISM) 여행사에서 1일 투어와 사파까지 가는 침대 버스 비용까지 1인당 60달러, 총 300달러를 지급하고 신청했다. 이 여행사에서는 숙박과 아침 식사까지 겸업한다. 20만 동, 즉 1만 원을 주고 5명이 간단한 아침을 먹었다. 여기서는 화폐 단위도 다르고 외국인들이 가격을 잘 모르니 폭리를 취하려고 하는 것이 많으므로 가격을 많이 깎아야 한다. 여행사 측에서도 한 번 보면 다시 볼 일이 없는 사람들이다. 여행 안내표에 가격을 표시해 놓았지만, 적정 가격인지 알 수가 없다.

✦ 짱안 투어

우리 일행 5명만 태운 택시를 타고 짱안으로 갔다. 날씨가 흐리다. 강 주변이라서 안개가 낀 것인지 아니면 미세먼지인지 대부분의 베트남 사람들은 두꺼운 마스크를 끼고 다닌다. 또 우리는 날씨가 쌀쌀하여 패딩을 입고 다니는데 서양의 관광객들은 민소매에 자전거를 타고 관광지를 다니며 자유롭게 구경하는 것을 보니 부럽다.

짱안은 홍강 삼각주의 닌빈주에 있는 명승 문화유적지로서 2014년 유네스코 세계복합유산으로 등재되었다. 석회암 카르스트 지형으로 형성된 이 지역은 강을 따라 좌우로 깎아지른 듯한 절벽과 아기자기한 바위산이 겹겹이 이어져 장관을 이루고 있고, 바위산 아래로는 여러 개의 수상동굴이 있다. 하롱베이와 비슷한 분위기이지만 산이 높고 크다. 여기는 바다가 아닌 강이다 보니 큰 수로를 따라 사람이 노를 젓는 4인승 보트에 구명조끼를 입고 탑승했다. 물살이 거의 없어 호수처럼 느껴졌으며, 아주 맑다.

✦ 꽉 막힌 바위산 사이를 유유히 지나는 보트

우리 부부는 베트남 청년 2명과 한 보트에 타고 관광을 했다. 50대의 아주머니가 2시간 동안 노를 젓는데도 별로 힘들어하지 않는다. 여분의 노가 있어 저어 보라고 한다. 조금 저으니까 힘들어서 그만두었다. 베트남 청년들은 노를 저을 생각조차 않는다. 이들과 서로 사진을 찍어 주며 관광을 했다. 바위산으로 꽉 막혀 있을 것 같은데 가까이 가면 밑으로 자연동굴이 있어 보트를 저어서 나아갈 때 낮은 곳은 좁고 머리가 닿을 정도라 고개를 바짝 숙여야 한다. 조금이라도 보트 나가는 방향이 틀리면 뾰쪽하게 튀어나온 돌에 머리가 부딪힐 것 같은데 좁은 동굴을 요리조리 피하며 노를 젓는 뱃사공들의 운전 솜씨가 대단하다.

| 짱안 홍강에서 4인승 보트를 타고 멋진 경치를 구경하는 관광객들

| 수로를 따라가다 보면 높은 산 아래로 좁은 동굴이 뚫려 있어 지나갈 수 있다.

배낭여행은 처음이라서

수로를 따라가다 보면 앞이 막혀 길이 없는 것 같은데 또 물길이 나온다. 앞에 높은 산이 있는데 그 아래로 좁은 동굴이 있어 또 지나간다. 수많은 보트가 그 좁고 복잡한 수로를 찾아 잘 다니는 것을 보니 대단하다는 생각이 든다. 높은 산과 깎아지른 절벽의 풍경은 가히 어떤 말로 표현하기가 어려울 정도로 절경이다. 중국의 장강에 비교할 수 있을까? 짱안이 더 멋진 것 같다. 이런 멋진 관광 자원을 가진 베트남이 부럽다는 생각이 든다. 베트남 사람들은 여유롭다. 여유를 갖고 여행해야 하는데 그동안 너무 촉박하게 살아서 그런지 아직도 잘 안 된다. 느긋하게 해야 하는데 일정이 있다 보니 그런 모양이다. 한국인 관광객도 많다. 이런 곳에서 우리나라 사람을 만나면 반갑다.

보트를 타고 가다 중간에 내려 몇 군데의 사당과 민속촌도 둘러보았다. 사당이나 사찰은 중국풍의 분위기를 풍기는데 형태가 거의 비슷하다. 민속촌에는 옛날 원시 시대 오두막집에 얼굴에 울긋불긋한 색칠을 하고 창을 든 원주민들이 있는데 관광객들이 사진 촬영을 하고는 팁으로 돈을 준다. 이런 곳에 들르게 함으로써 노 젓는 뱃사공들이 쉴 기회를 얻기도 한다. 보트를 타고 돌아올 때는 외국인들을 대상으로 설문지를 주면서 서비스 태도와 팁 요구 여부 등 보트를 탄 것에 대해 평가를 해달라고 한다. 정부 차원에서 관광객들에 대한 서비스를 개선하는 등 관광객 유치를 위해 노력하려는 의지를 읽을 수 있어서 좋아 보였다.

짱안의 멋진 절경을 구경한 다음 절벽 아래에 있는 사찰을 들렀다. 오래된 사찰인데 정리되지도 않고 별로 볼 것도 없다. 특이한 것은 손바닥만 한 아주 작은 기와로 지붕을 이은 것이다. 가이드가 시간이 남으니 들른 모양이다. 간단히 둘러보고 나왔다.

✦ 두 발로 노를 젓는 뱃사공

점심 식사 후 땀꼭 지역을 방문했다. 중국의 계림 같은 분위기다. 땀꼭은 '육지의 하롱베이'라고 불린단다. 카약을 타고 강을 거슬러 올라가면 다양한 모양의 산들이 즐비하다. 카약을 운전하는 사람들은 대부분 두 발로 노를 젓는다. 한국 사람들이 관광을 많이 해서 그런지 "아름답다", "멋지다" 등 간단한 한국말은 할 줄 안다. 우리 3명을 태운 아주머니 뱃사공도 발로 운전을 하면서 사진 찍기 좋은 장소가 나타나면 카메라를 달라고 하여 사진을 찍어 준다.

또 어떤 아주머니는 발로 카약을 저으면서 카메라를 들고 다니며 관광객들의 모습을 사진 찍는다. 찍지 말라고 하여도 막무가내다. 그러고는 도착 장소 가까이 와서는 10장 정도로 사진첩을 만들어 주면서 우리나라 돈으로 1만 원을 달라고 한다. 한국 관광객들을 대상으로 많이 해 본 솜씨다. 사지 않을 수 없도록 만든다. 그런데 사진을 워낙 많이 찍어서 그런지 잘 찍었다. 나도 사진을 배우고 있지만 두 카약이 서로 흔들리는데도 불구하고 수평이 맞게 잘 찍은 것이다. 사진 촬영한 아주머니와 사진첩을 판매하는 아저씨는 다른 사람인데도 잘 알고 찾아와서 사라고 거의 강요를 한다. 나도 1만 원을 주고 샀다. 나중에 보면 좋은 추억이 될 것 같기도 하다.

| 두 발로 카약의 노를 저으며 사진을 촬영하여 사진첩을 만들어 판매하는 아주머니

배낭여행은 처음이라서

✦ 육지의 하롱베이, 땀꼭

땀꼭은 '세 개의 동굴'이라는 뜻이라고 하는데 닌빈시의 남서쪽 8㎞ 떨어진 평야에 크고 작은 석회암 괴석들이 죽 늘어서 있고 그 사이에 강이 흘러가는 명승지다. 좁은 강을 따라 길게 이어진 곳으로 주변의 경관은 짱안과 비슷하다. 끝까지 가서는 되돌아오는 데 1시간 반 정도 소요된다. 이곳도 동굴이 있으나 짱안보다는 동굴의 길이가 짧고 주변의 경치는 하롱베이와 비슷하여 '육지의 하롱베이'라고도 불린다. 주변이 늪지대라서 그런지 강물은 흙탕물인 곳도 있다. 되돌아오는 부근에는 많은 보트에서 각종 과일과 물건을 파는데 사지 않으면 배를 잡고 사 달라고 강요를 한다.

베트남은 어디를 가나 박항서 축구 감독으로 인해 한국 관광객들이 인기가 많다. "대한민국 넘버원", "박항서 넘버원"을 외치거나 월드컵 손뼉을 치면 환영한다. 기분이 좋고, 한국인이라는 것에 자부심을 느낀다.

✦ 난생 처음, 야간 침대 버스

관광을 마치고 닌빈으로 돌아와서 오후 5시 5분 전에 닌빈역 앞에서 침대 버스에 탑승했다. 캐리어와 배낭 등 짐을 도착지별로 분류하여 버스 밑에 싣는다. 난생처음 타 보는 침대 버스다. 우리가 올라가자 2층 뒷부분으로 가서 타라고 한다. 거의 온전히 누울 수 있다. 베개와 캐시미론 이불도 있다. 1층과 2층의 가격 차이가 있는지 모르겠지만 먼저 타는 사람은 뒤쪽 2층부터 태운다. 우리 일행도 2층 중간 부분에 배정받았다. 차장이 좌석을 지정해 주는데 옮겨도 괜찮은 것 같다. 자리를 잡고 누우니 편안하다. 새로운 경험이다. 버스 안에 들어서면 3줄로 된 2층 침대가 줄지어 있다. 한 개 층에 20명이 탈 수 있게 되어 있으니 총 40명이 누워서 갈 수 있다. 신발은 벗어 비닐봉지에 넣어 앞사람 의자 밑 발 뻗는 곳에 두게 되어 있다.

| 위: 닌빈에서 사파까지 가는 현대자동차에서 만든 2층 버스
아래: 2층 침대가 세 줄로 되어 있는 버스 내부

닌빈에서 사파까지는 하노이를 거칠 경우는 12시간 걸리는데 우리 버스는 사파로 직행하기 때문에 10시간 정도 걸린단다. 5시에 출발했으니 내일 새벽 3시에 사파에 도착할 예정이다. 새벽 3시에 도착하면 무엇을 할까? 환갑 넘은 나이에 침대 버스를 타고 10시간이나 달린다니 새로운 경험이고 기대된다. 버스는 계속 경음기를 울리며, 가끔씩 좌우로 흔들거리면서 쉼 없이 달린다. 재밌다. 언제 이런 경험을 또 할 수 있으려나. 배낭여행의 묘미가 이런 데 있는 것이다. 흔들거리는 버스 안에서 비스듬히

배낭여행은 처음이라서

누워 핸드폰 메모장에 여행 소감을 정리한다.

오후 5시 40분인데 해는 벌써 넘어가고 어둠이 서서히 내려앉는다. 창문을 통해 아직 바깥 경치를 구경할 수 있다. 조금 지나자 버스 안에도 희미한 오색 등불이 켜진다. 버스는 달리다 정거장마다 정차하여 승객을 태우고 또 달린다. 출발한 지 1시간이 지났는데 2층 좌석도 다 채워지지 않았다. 아직도 바깥에 보이는 산들의 모습이 땀꼭이나 하롱베이에서 본 것처럼 뾰족하고 높다. 이 지방의 산의 모습은 다 이런 모양이다. 들판의 논은 모내기를 하려는지 물이 가득 채워져 있다. 기온은 17~24℃ 정도다. 아침저녁은 좀 쌀쌀한 정도이지만 낮은 조금 움직이면 땀이 날 정도로 아주 좋은 날씨다.

전에도 여행하면서 느꼈지만, 영어의 필요성을 절실히 느낀다. 구글 번역 앱으로 소통은 가능하지만, 아직 완벽하게 번역되지는 않는다. 또 사용하려면 핸드폰을 꺼내어 앱을 켜고 말을 해야 하며, 발음이 정확하지 않으면 잘되지 않을 뿐 아니라 정확하게 번역되지 않을 때가 많다. 조금만 더 공부해서 실력을 쌓으면 여행하는 데 불편함이 없을 것 같다.

버스는 계속 달리면서 중간중간 소도시를 지나며 잠깐 멈추어 손님을 태운다. 침대가 하나둘 채워진다. 6시가 지나니 바깥이 완전히 어둠 속에 파묻혔다. 저녁 6시 40분에 중간 정류장에서 20분 정차한다고 하니까 대부분 승객이 내린다. 운전사와 현지 승객들은 허름한 식당으로 들어가 식사를 한다. 우리도 화장실에 다녀온 후 밥과 나물, 돼지고기 구운 것과 국으로 저녁을 먹었다. 식사는 4인분이 20만 동, 즉 1만 원이다. 사파까지 차비는 375,000동이다. 우리 돈의 1/20이니 1만 8천 원 정도다. 물가가 저렴한 것이 가장 큰 매력이다.

서양인 여행객들은 가게에서 빵을 사서 먹는다. 현지 음식이 먹기가 좀 거북한 모양이다. 승객이 모두 타자 또 달린다. 이제는 경음기를 울리지 않고 달린다. 늦은 시각이 되자 도로에 오토바이가 다니지 않는 모양이다.

하롱베이와 짱안과 땀꼭의 산 모습은 거의 비슷하다. 주로 돌로 된 산으로 우리나라보다 산봉우리가 뾰쪽하고 상당히 높이 봉긋봉긋 솟아 있다. 또 봉우리가 집단으로 모여 있다.

하롱베이는 바다에 산들이 모여 있는 것이고, 짱안은 깨끗한 강물이 흐르지만, 땀꼭은 늪지대로 되어 있다. 그래서 짱안은 강물이 깨끗한 데 비해, 땀꼭은 물이 탁하다.

우리가 타고 가는 차는 현대자동차에서 만든 버스다. 차 정면에 현대자동차 마크가 붙어 있는 것을 보니 자랑스럽다. 닌빈에서 라오까이를 거쳐 사파를 가는 버스다. 하노이에서 라오까이까지는 고속도로가 잘 되어 있다. 닌빈에서 저녁을 먹고 버스에 누우니 잠이 오지 않는다. 이럴 땐 여행 일지를 쓰는 것이 최고다. 비스듬히 누워 핸드폰 메모장에 여행 소감을 적는다. 감정은 그때그때 메모하지 않으면 금방 잊어버려 생각이 나지 않는다. 흔들거리는 버스라서 노트 필기는 어렵고 핸드폰 메모장에 자판으로 글씨를 쓰는 것은 조금 힘들기는 하지만 그래도 할 수 있다. 오랫동안 핸드폰으로 글씨를 쓰니 멀미 기운이 난다. 그만 쉬어야겠다.

✦ 고요한 침대 버스에 누워

어둠을 뚫고 계속 달리던 버스가 잠시 멈춘다. 밤 12시 40분이다. 모두 일어나 화장실을 다녀온다. 예상외로 깨끗하다. 양변기도 있다. 하늘은 잔뜩 구름을 머금고 있는지 별이 하나도 안 보인다. 별이 쏟아지는 밤하늘이라면 더욱 좋을 텐데. 10여 분을 쉬다 또 달린다. 이제 사방이 조용하다. 조금은 고생스럽지만, 운치도 있고 재밌다. 또 견딜 만하다. 버스는 좌우로 조금씩 흔들거리면서 씩씩거리며 달린다. 차 안은 운전기사의 졸음을 쫓기 위한 것인지는 몰라도 중국풍 음악이 은은히 들리고, 그동안 켜 두었던 오색 실내등도 꺼졌다. 잠을 자라고 이야기하는 것 같다. 100여 킬로미터의 일정한 속도로 어둠을 가르며 달린다. 행복하다는 생각이 든다. 새해가 되었으니 이제 우리 나이로 65세가 된다. 이 나이에 배낭여행을 다닌다니 멋진 인생을 살았다고 생각할 만하다. 이제 고속도로를 벗어났는지 차가 좌우로 심하게 흔들거려 글쓰기가 어렵다. 라오까이를 지나 사파 가는 길로 접어든 모양이다. 아직 2시간은 더 달려야 한다. 또 눈을 붙여 보자.

고속도로를 벗어난 버스는 포장은 되었지만 꼬불꼬불한 국도를 달리다 산길로 접어들었다. 경사가 급한 산길을 힘겹게 넘어간다. 깜깜한 산길이다. 사파가 중국과 거의 맞닿은 지역이라더니 산세가 험해 그런 모양이다. 안전띠를 맸는데도 몸이 이리 뒹굴 저리 뒹굴 한다. 고개를 많이 올라온 모양이다. 귀가 먹먹하다. 50여 분 시골 산길을 달리던 버스가 멈추어 선다. 검문소인가. 트럭들은 지나가는데 우리 버스는 가지 않고 서 있다. 1층에서는 어린아이 울음소리가 들린다. 모두 잠을 자는지 조용하다. 중국풍 음악만 계속 들린다. 이 야밤에도 차들은 계속 꼬리를 물고 달려와 우리 뒤에 멈추어 선다. 한참을 정차해 있던 우리 차의 시동이 꺼진다. 좀 오래 서 있을 모양인 것 같다. 핸드폰 예비 배터리도 모두 소진되어 충전되지 않는다. 배터리를 아껴야겠다. 버스가 정차해 있는 동안 나도 잠이 들었다. 잠에서 깨어나니 날이 좀 밝아졌다.

사파 노점상에서 소수 부족의 삶을 보다

✦ 숙소가 없어 새벽길을 헤매다

    침대 버스는 11시간 30분을 달려 새벽 4시 반에 사파 정류장에 도착했다. 예정보다 1시간 반이 늦었다. 중간에 한참 동안 정차한 것 때문인 듯하다. 새벽 공기가 쌀쌀하다. 버스에서 내리자 택시 운전사가 몰려들어 어디로 갈 것인지 묻는다. 버스에서 내린 승객들이 하나둘 갈 곳을 찾아 흩어진다. 우리는 숙소를 정하지 않아 갈 곳이 없다. 이 새벽에 캐리어를 끌고 다니는 것도 곤란하다. 터미널 광장 한 귀퉁이에 있는 포장마차로 들어가 모닥불을 쬐며 커피 한잔을 시켜 마셨다. 쌀쌀한 기온이다.

    모닥불을 피우는 나무가 모두 타서 주변을 다니며 나무 조각을 찾아다녔으나 별로 없어서 노점상이 어젯밤에 장사하고 버린 나무젓가락을 주위와 불을 지폈다. 추위를 견디기 위해 나뭇조각을 이렇게 애타게 찾아다니기는 처음이다. 모닥불의 온기를 느끼며 기다리다 날이 좀 밝아지자 우리는 짐을 지키고 양 팀장과 광표 씨는 숙소를 구하러 주변을 돌아보았다. 마땅한 곳을 구하지 못하고 돌아왔다. 좀 쉬다가 양 팀장과 내가 주변을 다시 돌아보았지만, 호텔 문이 모두 잠겼다. 다시 모닥불을 쬐며 기다리는데 혼자 나갔던 양 팀장이 숙소를 구했다며 기쁜 표정으로 달려온다. 50m의 거리인데도 호텔 주인이 리무진 차를 몰고 마중 나왔다. 방 2개에 70만 동을 주고 오늘 아침과 저녁까지 지내기로 하고 방으로 들어갔더니 그동안 다녔던 숙소 중 최고의 시설이다. 호텔에 들어가 샤워도

하지 않고 이불 속으로 들어가더니 두 사람은 금방 잠이 든다. 육십 넘은 사람들이 밤새 털털거리는 침대 버스를 11시간 30분을 달려 새벽 4시 반에 도착했으니 피곤도 하겠지.

나는 침대 버스에서 잠을 좀 잔 데다 호텔에 들어와 1시간 정도 눈을 붙였더니 훨씬 개운하다. 강행군하느라 뭉쳤던 부상당한 왼쪽 다리가 좀 풀리는 것 같다. 배낭여행 중에 잘 견뎌야 할 텐데 은근히 걱정이 된다.

✦ 싸고 좋은 것은 있다

이번 여행의 제일 큰 목적은 혼자라도 배낭여행을 할 수 있다는 자신 감을 갖는 것인데 5일 정도 지나니 어느 정도 자신이 생긴다. 사전에 충분히 공부하는 것이 중요하다. 관련된 정보를 많이 알고 있는 것도 좋다. 하지만 제일 중요한 것은 하면 된다는 생각을 갖고 부딪쳐 보는 것이다. 주변에서 여러 가지 이야기하는 것에 너무 현혹되어서도 안 된다.

양 팀장은 아주 적극적이다. 또 관심도 많다. 일단 부딪쳐 본다. 그러니 방법이 생긴다. 오늘 새벽에도 여자들이 추위에 떨고 있는 것이 안타까워 주변을 적극적으로 돌아보더니 가격이 저렴하면서도 좋은 숙소를 물색했다. '싸고 좋은 것은 없다'라고 이야기하는데 발품을 팔면 구할 수 있다는 것을 알았다. 소극적인 나의 자세가 부끄러워져 반성해 본다.

✦ 수없이 펼쳐진 사파 시장의 노점상

지금까지는 여행하는 동안 날씨가 계속 흐렸다. 동남아 지역이 건기인데 왜 이렇게 흐릴까? 맑은 하늘을 보기가 어렵다. 자연 환경이 좋고 공기가 맑은 곳인데 수없이 반짝이는 밤하늘의 별을 구경할 수가 없다.

아침 8시 반인데 모두 곯아떨어졌다. 광표 씨는 코를 골면서 잔다. 어제 침대 버스에서 잠을 제대로 못 잔 모양이다. 일어나 아침을 먹고 여행을 출발해야 할 텐데 너무 곤하게 자고 있어 깨우기가 망설여진다.

| 위: 사파 노점에서 소수 민족들이 가지고 온 물건을 판매하는 모습
  아래: 물건을 판매하고 난 다음 필요한 물품을 구입하는 모습

　우리 숙소는 사파 시장에 바로 붙어 있다. 아침에 일어나 밖을 나가 보니 어제저녁과는 전혀 다른 세상이 펼쳐져 있다. 우리가 잠깐 눈 붙이고 있는 동안 기대했던 대로 수많은 노점상이 열렸다. 산간 지역에 사는 소수 민족들이 형형색색의 전통 의상을 입고 자기들이 기른 고원의 채소와 과일, 꽃과 민예품, 특산물 등을 바구니에 짊어지고 산에서 내려와서 노점에서 판매하고 있다. 지역 주민뿐 아니라 관광객 등 수많은 사람이 물건을 사고판다. 과일 가게, 옷 가게, 고기 가게 등 온갖 물건들이 있다. 건물 안 상설 시장과 길거리의 수많은 노점상이 열렸다.

배낭여행은 처음이라서

몇 시간 사이에 시장 주변이 완전히 변했다. 오늘 새벽 5시까지만 해도 추위에 떨며 모닥불을 피워 커피를 마시던 곳인데 불과 3시간 사이에 이렇게 바뀐 것이다. 신기했다. 오전 내내 시장을 구경했다. 걸어 다니기가 복잡할 정도로 사람들이 많다. 사파 전통 시장은 평소에는 한적하고 조용하다가 일요일 오전에만 열린다. 우리는 이것을 보기 위해 날짜를 맞춰 여기까지 온 것이다.

✦ 나눌 줄 아는 순희 씨

소수 부족 주민들은 직물로 짠 전통 의상을 입고 가지고 온 물건을 판매하고는 또 필요한 물품을 산다. 사파 시내에 거주하는 사람들보다는 행색이 좀 더 어려워 보인다. 우리가 초등학교 다닐 때인 1960년대의 형편과 비슷해 보인다. 키도 작은 데다 나이도 어려 보이는 여자들이 아기를 업고 시장에 나온 것을 보니 불쌍하고 측은해 보인다. 순희 씨가 가지고 온 액세서리를 어려워 보이는 여자들에게 나누어 주니 너무 좋아한다. 여자애들의 나이나 취향에 맞춰 나누어 준다. 여행을 많이 다니다 보니 필요할 것 같아 미리 준비해 온 것이다. 너무 마음씨가 곱다. 조그마한 것이지만 나눌 수 있는 마음을 가졌다는 것이 얼마나 좋은가. 우리 일행이라 더욱 자랑스럽다.

점심때쯤 되자 노점은 거의 없어지고 상설 시장만 문을 열고 있다. 식사를 하고 시내 쪽으로 가 보니 호수가 보인다. 구운 옥수수를 하나씩 사서 호숫가에 앉아 먹으며 멋있는 경치를 감상하니 기분이 너무 좋다. 호수 주변에는 관공서도 있고 호텔도 있는 등 번화가다. 파란 하늘에는 구름이 뭉게뭉게 떠 있고, 먼 산을 배경으로 빨간 기와를 이은 2~3층의 집들이 호수 주변에 모여 있는 모습은 동유럽 같은 분위기를 풍긴다. 복잡한 시장 쪽과는 분위기가 전혀 다른 모습이다. 한참을 둘러보다 더 좋은 경험을 체험하기 위해 시내버스를 타고 주변을 둘러보기로 했다.

| 호수 주변 관공서가 있는 시가지와 아름다운 주택가 풍경

배낭여행은 처음이라서

✦ 무작정 로컬 버스 타기

주민들에게 물어 무작정 로컬 버스를 탔다. 고불고불한 고갯길을 수도 없이 내려간다. 깊은 낭떠러지의 고갯길을 굽이굽이 돌아서 간다. 아주 높은 산인데도 개간할 수 있는 곳은 모두 일구어 다랑논과 밭이 수도 없이 많다. 아래를 보니 까마득한 계곡이다. 철새들이 저 아래로 날아가는 것을 보니 우리가 탄 버스가 다니는 도로가 대단히 높은 곳인 것 같다. 풍경이 아주 멋지다. 1시간 정도 달리니 평지가 나온다. 라오까이다. 사파에서 35㎞ 정도 거리다. 라오까이는 중국 윈난성과 국경이 맞닿아 있다. 길 건너 보이는 중국 쪽은 고층 빌딩이 즐비하게 보인다. 강에 놓여 있는 '월중 우호교'라는 다리를 건너면 바로 중국이다. 국경이 이렇게 가까이 붙어 있다는 것이 의아하다. 라오까이 기차역 주변에서 버스를 내리면서 우리는 다시 사파로 가야 한다고 하니 차장이 여기서 조금 기다리면 사파로 가는 버스가 온다고 한다. 조금 기다리니 버스가 와서 다시 요금을 지불하고 탔다. 올 때는 날이 어두워져 주변 경치가 보이지 않는다. 한 시간이 걸려 다시 사파에 도착했다.

우리가 어제저녁에 올 때 캄캄한 밤중에 꼬불꼬불한 산길을 오랜 시간 동안 달려왔는데 라오까이에서 사파로 오는 길이었던 모양이다. 사파는 하노이에서 북서쪽으로 약 350㎞ 거리에 있는데 라오까이를 거쳐야 한다. 도시 서쪽으로 해발고도 3,143m의 베트남 최고봉 판시판산이 솟아 있는데 이곳은 프랑스 식민지 시대인 20세기 초부터 피서지로 개발되었다.

✦ 사파 야시장

저녁을 쌀국수로 먹고 바로 옆 마사지 집에 들러 1시간 반에 걸쳐 마사지를 받았다. 우선 참나무통에 들어가 따듯한 물로 목욕을 하였다. 30분 정도 목욕을 하고 마사지를 받았다. 별로 시원하거나 개운하다는 생각이 안 든다. 마사지를 받고 숙소로 돌아오니 숙소 앞 도로변에 야시장이 차려졌다. 광장에 야시장을 차려 놓으니 보기 좋다. 오전에 노점 시장이 벌어졌던 곳에 산악 지역에서 온 각 부족은 돌아가고 야시장이 차려진 것이다. 너무 오지라서 그런지 관광객과 손님들이 저녁에는 별로 없다. 우리는 고기 안주로 술을 마시며 내일 관광 일정을 협의했다. 내일은 사파 주변을 관광하고 오후에 하노이로 가기로 했다. 술을 한잔했더니만 피곤하다. 그만 자야겠다.

산간 오지 마을, 반 코앙

✦ 네덜란드 아가씨들과 춤을

아침 식사 후 9시경에 숙소 주인인 '웍'이 자신의 리무진 자동차를 이용하여 사파 주변을 안내해 주기로 했다. 네덜란드에서 온 여자 2명과 함께 떠났다. 사파는 3,100m 고지대에 있는 곳이라 다른 곳으로 갈 때는 차를 타고 한참을 내려가야 한다. 차를 타고 가는 도중에 서로 서툰 영어로 인사를 나누고 난 후에는 네덜란드와 한국의 노래를 틀어놓고 몸을 흔들며 노래를 부르기도 했다. 드라이버가 「강남스타일」 등의 노래를 틀어주니 네덜란드 여자들도 몸을 흔들며 신나게 노래를 부른다. 두 아가씨 덕분에 분위기가 고조됐다.

Ⅰ 구름이 멋지게 펼쳐진 곳을 배경으로 네덜란드 여인들과 함께

네덜란드의 두 아가씨는 '린다'라는 같은 이름을 가진 동명이인인데 27세와 28세란다. 둘 다 풋볼 선수로 키가 각각 178㎝, 180㎝란다. 우리의 양 팀장은 두 여자를 한국으로 초대하면서 한국에 온다면 가이드를 하겠다고 하니 좋아한다. 한 여자는 결혼하였고 다른 여자는 남자친구가 있단다. 유럽의 젊은 여행객들이 자전거를 타고 오르막을 오르느라고 힘이 들자 천천히 달리는 트럭의 뒤를 잡고 올라가는 모습도 보인다. 참 열정적이고 대단한 모험심이다. 자유분방한 모습이 부럽다.

✦ 구름 위 계곡, 반 코앙

Ⅰ 위: 산에 계단식으로 만든 논
  아래: 구름이 마을을 아름답게 감싸고 있는 풍경

이런저런 이야기를 하며 구름 낀 꼬불꼬불한 도로를 한 시간 정도 굽이굽이 달리다 보니 발아래 계곡에 환상적인 구름이 펼쳐진다. 반 코앙(Ban khoang)이라는 곳이란다. 철새가 저 아래 계곡으로 날아다닌다. 드라이버 겸 가이드는 사진 촬영하기 좋은 장소에 자동차를 주차해 준다. 비행기를 타고 가다 보면 구름 위에 비행기가 떠 있는 것 같은 풍경을 볼 수 있는데 그와 비슷한 모습이다. 네덜란드 여성들과 함께 환상적인 모습에 환호를 지르며 사진을 찍었다. 어깨동무하고 사진을 촬영하는 등 흥분된 기분을 주체하지 못한다. 옆에는 다른 여행객들도 사진을 찍느라 정신이 없다.

✦ 전통 마을 주민과의 동행

사진을 정신없이 찍으며 환상적인 광경을 구경하다 다음 장소로 이동했다. 한참을 달리자 아름다운 마을이 나타난다. 가이드 말에 의하면 타잔 핀(Ta giang phinh) 빌리지란다. 계단식 논과 밭으로 된 아늑한 산간 오지 마을이다. 자동차에서 내리자 전통 복장을 한 마을 사람들이 몰려온다. 머리에는 알록달록한 실로 뜬 머리띠나 두건 같은 것을 쓰고 종아리 부분에도 천으로 된 것을 두른 여자들이다. 대부분이 할머니처럼 나이가 드신 분들인데 모두 손가방에 수공예품을 가득 넣은 채 우리에게 접근한다. 우리는 그냥 지나가는 마을 사람들인 줄 알았는데 관광객들을 대상으로 수공예품을 판매하는 사람들이다. 관광객들이 많이 방문하니 이런 전통 물건을 만들어 판매하려고 하는 모양이다.

할머니들과 아기를 업은 아주머니들이 민예품을 넣은 가방을 들고 따라오면서 사 달라고 한다. 일부는 사기도 했지만, 나머지는 사지 않겠다고 하는데도 계속 따라다닌다. 계단식 논과 밭으로 된 마을에 집들이 옹기종기 모여 있는데 지붕은 슬레이트로 되어 있으며, 벽체는 대부분 판자를 이어 붙여 지어졌다. 더운 지방인 관계로 난방에는 별로 신경을 쓰지 않은 모양이다. 돼지나 개도 우리에 가두거나 묶어두지 않고 방목을 하고 있어 그냥 동네를 왔다갔다한다.

처음에는 많은 주민들이 따라다니다 조금 시간이 지나자 할머니 한 분과 아기를 업은 19세 된 엄마만 남았다. 이들은 마을을 한 바퀴 도는 동안 우리 일행을 계속 따라다녔다. 물건을 한두 개 사 주었지만 더 살 것이 없어 그만 따라오라고 해도 마을 안내를 한다며 힘들게 끝까지 따라다닌다. 아기를 업은 젊은 엄마는 영어도 잘한다. 관광객을 많이 상대하려면 영어를 잘해야 도움이 될 수도 있을 것이다. 우리가 보면 측은한데도 그녀들은 그것이 일상이라 그런지 그냥 우리 일행과 이야기하며 동행한다. 정이 많은 일행은 측은한 생각이 들어 별로 필요 없는 물건이지만 하나라도 더 산다. 그러나 동행하는 네덜란드에서 온 젊은 여자들은 마음에 들지 않으면 사지 않는다.

전형적인 시골 마을이다. 남자들은 집을 고치거나 일을 하고, 소녀들은 집에서 베틀에 앉아 직물을 짜거나 재봉틀로 지갑이나 손가방을 만들고 있다. 그리고 할머니나 아주머니는 집에서 만든 물건을 관광객이 오면 오늘처럼 따라다니며 판매를 하는 모양이다. 개울을 건널 때는 길이 없어 논둑길로 한참을 돌아가기도 했고, 쌀쌀한 날씨에도 여자들은 개울에서 빨래를 하기도 한다. 길옆에 어린이집 같은 학교가 있어 들러 보았다. 5~6칸 정도 되는 교실에는 학생들이 넘칠 정도로 많이 모여 있는데 쉬는 시간인지 우리가 방문하자 반갑게 맞아준다. 엄마들은 아기를 안고 젖을 주기도 하고 어린아이들은 식사를 하기도 한다. 내가 초등학교 다닐 때 모습과 거의 비슷하다. 보건소 직원들이 학교에 와서 건강 검진을 하기도 한다.

길거리에는 동물들의 배설물이 지저분하게 널려 있고 돼지나 개들도 묶

배낭여행은 처음이라서

어 놓지 않아 길거리에 어슬렁거리며 다니고 있지만, 전혀 사납지 않고 온순하다. 한 시간 이상 마을을 둘러보니 우리의 1960~1970년대의 농촌의 모습과 비슷한 것 같다. 집 입구에 혼자 앉아 있는 어린이에게 사탕을 주면 수줍어하면서도 고마워한다. 우리의 눈으로 보는 주민들의 생활 수준은 측은하게 보이지만 그들이 더욱더 평화롭고 여유 있게 살아가기를 기도해 본다. 마을을 한 바퀴 둘러보는 동안 끝까지 우리를 따라다닌 할머니와 아기를 업은 아주머니에게 순희 씨 제안으로 약간의 수고비를 드렸다. 마을을 한 바퀴 돌고 나오자 우리를 내려 준 기사가 대기하고 있다.

| 우리 일행이 마을을 둘러보는 동안 함께한 19세 아주머니에게 손지갑을 구입하다.

✦ 원두막과 샤브샤브

점심시간이 되자 기사는 꼬불꼬불한 산길을 돌아 실버 워터폴(Silver waterfall) 옆 식당으로 안내를 한다. 식당에서 보이는 폭포가 장관이다. 산속 길가에 있는 꽤 큰 식당이다. 상어처럼 생긴 '스트론 피시'라는 고기들이 수족관에 많다. 우리 다섯 명과 네덜란드 아가씨 2명과 기사 등 8명이 식사를 하기 위해 3kg 크기의 고기를 신청했더니만 식당 종업원은 고기를 끄집어내어 몽둥이로 고기의 머리를 때려 기절시켜 잡는다. 사람은 참 잔인하다는 생각이 든다.

냄비에 물이 펄펄 끓으면 각종 채소와 고기를 부위별로 익혀 소스에 찍어 먹는 샤브샤브 요리다. 드라이버인 웍이 고기를 익혀 우리에게 나누어 주고 먹는 방법을 친절하게 이야기해 준다. 저 아래 계곡에는 구름이 자욱하게 깔려 있고 하얀 은빛의 폭포가 보이는 전망이 좋은 원두막처럼 되어 있는 야외 테이블에서 맥주를 한 잔씩 곁들이면서 샤브샤브를 먹으니 맛도 좋고 분위기도 일품이라 기분이 너무 좋다. 맥주와 맛있는 요리를 실컷 먹었는데도 10달러를 지급했으니 1인당 1만 5천 원 정도다. 가성비가 엄청 좋다.

점심 식사 후 굽이굽이 돌아오는 주변도 경치가 너무 좋다. 말로 표현하기가 어려울 정도다. 앞을 보면 빨리 가고 싶고 뒤를 보면 발길이 떨어지지 않는 모습이다. 늦은 점심 식사를 마치고 2시 반경 숙소로 돌아와 하노이로 가는 차편을 알아봤더니 시간이나 가격을 비교해 볼 때 리무진으로 가는 것이 좋을 것 같아 숙소에서 3시 반에 출발하는 차표를 구매했다. 이곳의 좀 큰 호텔에서는 여행사 업무를 겸하고 있어 비행기나 버스표를 쉽게 구매할 수 있다. 우리를 차에 태워 관광시켜 준 호텔 주인 겸 기사는 호텔에서 기다리고 있으면 차가 온다고 한다. 3시 반에 출발한다는 리무진은 30분 단위로 계속 도착 시간이 늦어진다.

✦ 친절인 줄 알았는데

호텔 주인은 보이지를 않는다. 미니밴 도착 시각이 계속 늦어져 우리가 재촉했더니만 입장이 곤란하니 자리를 피한 모양이다. 그리고는 종업원을 시켜 첫날 호텔에 들어올 때 아침 일찍 들어와 쉰 것에 대해 하루 숙박비를 내라고 이야기한다. 우리는 들어올 때 그냥 일찍 체크인하라고 해

배낭여행은 처음이라서

서 한 것인데 왜 그러냐고 항의를 했더니 몇 번을 우기다 더 이상 이야기를 하지 않는다. 지금까지 이야기가 없다가 떠나가려니까 시비를 걸어보는 것 같다. 또 갑자기 비가 와서 우산을 빌려 쓰고 가져다 놓았는데도 우산이 없다며 변상하란다. 그러면서 우산을 빌려 가는 CCTV를 돌려서 보여 주기까지 한다. 빌려 간 것은 맞지만 가져다 놓을 때 주인이 없어 그냥 가져다 놓았다고 하니까 자기는 가져다 놓은 것은 못 보았다며 우산이 없어졌으니 변상하라고 억지를 부리다 나중에는 됐다고 이야기한다.

이제 떠나가는 손님이니까 덤터기를 씌우려는 것 같다. 영어나 현지 말이 잘 통하지 않으니 제대로 설명하기도 어렵다. 떠나면 다시 만날 일이 없는 여행객이니까 가능한 한 많이 받아 내려고 하는 수작이다. 이야기해 봐서 주면 받고 아니면 말고 식이다. 친절하고 저렴하게 해 주는 척하면서 소위 말해 등처먹는 꼴이다. 그래서 동남아 관광을 할 때는 모든 것을 달라는 대로 주면 안 된다. 깎아야 한다. 숙박비나 물건 값과 교통비도 마찬가지다. 공정 가격인 양 게시해 놓은 것도 부풀려서 해 놓은 것이 많다.

✦ 하노이 호안끼엠 호수로

조금만 기다리면 온다는 버스는 결국 5시 40분이 되어서 왔다. 도착한 버스는 10인승 미니밴이다. 다른 곳에서 영업하고 이제야 온 것 같다. 호텔 안내판에는 버젓이 버스 시간표가 게시되어 있어도 별로 지켜지지 않는다. 자기가 아는 미니밴 운전사들에게 연결해 주고 소개비를 받는 모양이다. 그러니까 시간이 뒤죽박죽이다. 우리는 낮에 이동하면 가는 도중에 거리의 풍경을 볼 수 있을 것 같아 좀 일찍 가는 차편을 신청했는데 벌써 날이 어둑어둑하다.

리무진 버스라고 하기에 고급스러운 큰 영업용 버스인 줄 알았는데 개인이 자가용 밴으로 영업을 하는 것이다. 즉, 불법 자가용 영업 행위다. 여행사 프런트에 게시해 놓은 시간표인데 자가용으로 영업을 하다니. 이런 상황을 알 수 없는 데다 말이 잘 통하지 않으니 어쩔 수 없다. 배낭여행의 묘미라는 게 이런 것이다. 시간에 쫓기지 않으니 한두 시간 늦어도 별일이 없으니 좋다.

사파는 고지대인 관계로 외부로 나가려면 꼬불꼬불 산길을 굽이굽이 내려가야 한다. 사파에서 라오까이를 거쳐 가는 모양이다. 라오까이는 세 번째로 간다. 사파에서 하노이 갈 때 직선으로 가면 라오까이를 거치지 않아도 되지만 라오까이에 가면 하노이로 가는 고속도로가 있으므로 그렇게 하는 것 같다. 꼬불꼬불한 산길을 트레일러, 트럭, 버스, 택시 등이 꼬리를 물고 어두운 밤길을 천천히 내려간다. 굽이굽이 산길이고 비가 오는 밤이지만 천천히 가니까 사고 위험은 없다.

멍멍하던 귀가 평지로 내려오니 뚫린다. 시간에 구애받지 않고 쉬고 싶으면 쉬고, 가고 싶으면 갈 수 있어 이런 여유 있는 여행이 너무 좋다. 10인승 고급 리무진 밴에 5명이 탔으니 널찍해서 좋다. 그렇지만 패키지여행과 비교하면 시간상으로 허비되는 것이 많다. 나이 들어 여행하면서 여유를 갖고 여행해야지 쫓기며 다니는 것은 바람직하지 않다.

라오까이 외곽을 거쳐 하노이로 가는 고속도로에 접어들자 속도를 낸다. 비가 오는 밤길을 달린다. 5~6시간을 달려야 할 것이다. 일행끼리 이야기를 하는 사이에도 리무진 버스는 쉼 없이 달린다. 고속도로에는 차들이 드문드문하다. 편도 1차선의 고속도로라 추월하기가 쉽지 않다. 비가 그쳤다. 다행이다. 이번 여행의 목적이 배낭여행에 대해 자신감을 갖는 것이다. 좀 더 적극적으로 행동하면 더 좋을 것 같다.

이곳에서 야간에 다니는 버스는 대부분 침대 버스다. 시골길을 달리는 버스 이외의 고속도로를 달리는 침대 버스는 탈 만할 것 같다. 2시간 정도 달리다 휴게소에서 20분간 휴식을 취하고 다시 출발했다. 고속도로 휴게소는 조용하다. 5시간 걸려 10시 40분 하노이 호안끼엠 호수 부근에 도착했다. 수도라서 그런지 밤인데도 외국인 관광객들이 가끔 눈에 띈다.

✦ 어두운 새벽, 저렴한 숙소를 찾아

주변을 둘러보며 숙소를 찾아보았다. 호텔은 많다. 그러나 가격이 비싸다. 사파나 다른 지역의 2배 정도다. 10여 개의 숙소를 찾아다니다 보니 11시 반이 지났다. 일행 중 일부는 이슬비가 내려 처마 밑에 여행용 가방을 지키고 있고 나머지는 비를 맞으며 1시간 정도 숙소를 찾는다며 돌아다니다 또 교대해서 불이 켜진 호텔에 들어가 방이 있는지, 가격은 얼마인지 물으며 다니다 보니 착잡한 생각이 든다. 1~2만 원만 더 주면 얼마든지 구할 수 있는데 꼭 이렇게 해야 하나 하는 생각이 든다. 어지간하면 들어가면 좋으련만 싼 호텔을 고집하다 보니 화가 난다. 가격이 저렴한 숙소도 중요하지만, 비가 오는 거리를 자정이 되어 가는 시각에 숙소를 구한다고 돌아다니는 것도 너무 비효율적이다.

이제 대부분 호텔은 문을 닫았다. 아직 방이 다 차지 않은 호텔만 드문드문 불을 밝혀 놓았다. 숙소를 구하기 시작하여 2시간이 지난 12시 40분경 57만 동에 저렴한 호텔 방 2개를 구했지만, 비를 맞으며 오랫동안 걷다 보니 지친 데다 기분이 저하되어 방에 들어왔는데도 모두 말이 없다. 좀 더 효율적인 방법을 모색해야겠다는 생각이 든다. 각자 개성이 다르다 보니 말은 하지 않지만, 불만이 조금씩 쌓여 가는 것 같다. 여러 명이 함께 장기간 여행한다는 것이 쉽지만은 않다는 것을 느낀다. 조금 쉰후 내일 일정을 이야기하고 새벽 1시 반에 잠자리에 들었다. 피곤하다.

하노이 시내 관광, 수상인형극을 보다

✦ 각박한 베트남 인심

7시경 잠이 깨었다. 커튼을 쳐서 방이 컴컴하지만, 오토바이 다니는 소리가 들린다. 커튼을 살짝 들치고 밖을 보니 잔뜩 흐리다. 어제저녁에 1시가 넘어 잠이 들어서 그런지 룸메이트 2명은 작은 소리로 코를 골며 곤히 자고 있다.

이번 주는 날씨가 계속 흐리거나 비가 온다고 되어 있다. 오늘 하루 하노이 시내 관광을 하고 라오스로 가는 것이 좋을 것 같다. 아침 식사 후 일행과 논의를 해 봐야겠다. 하노이 사람들은 시장경제가 확산되어 조그마한 것도 무료로 제공하는 것이 없다. 물휴지도 그냥 주는 것처럼 식탁에 내놓고는 나중에 계산할 때 보면 식사 요금에 포함되어 있고, 길거리에서 안내하거나 조금 도와주고도 돈을 요구한다. 어제저녁에도 숙소를 얻기 위해 호텔을 방문했는데 자기 호텔은 룸이 없다면서 다른 호텔을 소개해 주겠다고 근방의 다른 호텔로 안내를 해 준다. 소개해 준 호텔도 마음에 들지 않아 다른 호텔로 또 안내를 해 주려고 해서 그만두라고 이야기했더니만 안내해 준 수고비를 달란다. 안내해 달라고 한 것도 아니고 자기가 스스로 자청해서 해 놓고 수고비를 달라고 하니 어처구니가 없다. 줄 수 없다고 하니 투덜거리며 가 버린다.

✦ 호수 가운데 고즈넉한 옥산 사당

호안끼엠 호수 뒤편에 숙소를 잡은 우리 일행은 9시경 주변 식당에서 쌀국수로 아침을 먹고 호수 주변으로 관광을 나섰다. 나무로 된 다리를 건너면 호수 가운데 옥산 사당이 있다. 조그만 섬에 사당을 만들어 놓았다. 특별히 볼 것은 없지만 잔잔한 호수에 둘러싸여 있어 고즈넉하다. 비가 내린 후인 데다 호수 가운데 있어 많이 습하다. 저 멀리 호수 가운데에는 거북탑이 외롭게 우뚝 솟아 있다. 수도 한가운데 이렇게 큰 호수가 있어 시민들과 관광객들이 쉬거나 여유롭게 즐길 수 있어 좋을 것 같은 생각이 든다.

성 요셉 대성당이 가까이 있어 걸어서 찾아갔다. 크리스마스가 지난 시점이라 이제 막 트리를 해체하는 작업을 하고 있다. 미사 시간이 아니라 내부에는 들어가 보지 못하고 성당을 한 바퀴 둘러보았다. 고딕 양식으로 지어졌으며, 스테인드글라스로 꾸며져 있다. 검게 그을리고 군데군데 무너진 벽면으로 보아 오래된 성당이라는 인상이 풍긴다. 주변에는 카페나 각종 음식점과 잡화점들이 즐비하다. 아기자기한 분위기로 인해 주변에 외국인 관광객들도 많이 보인다.

ㅣ 호안끼엠 호수 가운데 있는 거북섬과 탑

250년 된 고택이 있는 두엉람 마을

구글 지도를 켜고 근방에 있는 오페라하우스를 둘러보고 박물관을 구경하러 갔다. 오페라하우스는 아름답고 고전적인 프랑스풍의 극장으로 하노이의 대표적인 건물이다. 파리의 오페라하우스를 모방하여 지었다고 한다. 외부에서 사진만 촬영하고 혁명박물관으로 갔다. 노란색으로 학교 건물처럼 지어져 있다. 점심시간이라 내부를 관람할 수 없다고 하여 입구 커피숍에 들어가 커피를 한잔 마시고 쉬다가 순희 씨의 제안으로 250년 이상의 고택이 있는 두엉람 마을에 가 보기로 했다. 이 마을은 하노이 서북쪽으로 약 50㎞ 떨어진 곳으로, 마을 전체를 국가 문화재로 보존하고 있는 곳이다. 또한 세계문화유산 등록 후보가 되었으며, '제2의 호이안'으로 일컬어진다고 한다.

택시를 타고 시외버스 터미널로 가서 여러 사람에게 두엉람 마을을 어떻게 가야 하는지 물어봐도 모두 제각각이다. 잘 모를 뿐 아니라, 엉뚱한 곳으로 알려 주는 사람도 있다. 말이 잘 통하지 않으니 서로 간의 소통이 잘 안 되어서 그런 모양이다. 여러 번 물어 겨우 시외버스 터미널 건너편 길거리에서 버스를 타고 30분 정도 가다가 버스를 갈아타고 30분 정도를 더 달려 마을 입구 도로변에서 내렸다. 버스는 우리 시내버스보다 조금 작은 마을버스 크기인데 가는 중간마다 정차하여 각종 짐을 싣고 내린다. 차장은 사람은 타지 않고 짐만 싣는데도 잘 알아서 처리해 준다. 과거 우리 버스에 차장이 있었듯이 차장이 돈을 받고 짐을 싣고 내려 준다. 차장한테 부탁했더니만 3시가 조금 지난 시각에 두엉람 마을 앞에 내려 주었다.

| 두엉람 마을의 고택. 지붕 기와가 손바닥 크기 정도로 작다.

　버스에서 내려 길을 건너 마을에 들어가니 일반 마을과 비슷하다. 크지 않은 마을이지만 오래된 집들이 즐비하다. 상가도 드문드문 보이고 붉은 벽돌로 지어진 고택도 보인다. 고택이 마을 곳곳에 있다. 사당처럼 생긴 고택도 보인다. 우리와 전혀 다른 형식으로 지은 집들인 데다, 보수도 하지 않은 고택이라 멋있다는 생각은 들지 않고 상당히 낯설어 보인다. 안동 하회마을과 좀 비슷하다고나 할까. 그렇지만 일반 집과 고택이 섞여 있어 정돈된 느낌이 들지 않는다. 여기에서도 한국에서 왔다고 하니 박항서를 외치며 모두 환호하며 반긴다.

　오랜 시간 동안 버스를 타고 와서 여자들이 화장실에 가야 할 것 같아 어느 주택에 들어가 화장실을 좀 사용해도 되느냐고 물어보니 괜찮다고 해서 들어가 볼일을 보고 나오는데 2만 동을 달라고 한다. 1천 원이다. 공공 화장실보다 훨씬 비싼 가격이다. 시골 인심이 각박하다는 생각이 든다. 먼 곳까지 시골 버스를 갈아타며 힘들게 왔는데 오기를 잘했다는 생각이 들지 않는다. 한 시간 정도 관람을 하고 나왔다. 관광객이라고는 우리밖에 없다. 우리의 정서와는 맞지 않는 건물인 데다 특별히 관심을 가질 만한 것도 없다.

✦ 학생과 선생님에게는 요금을 받지 않는 버스

6시 20분 호안끼엠 호수 근방에서 수상인형극을 보기 위해 티켓팅을 해 놓았기 때문에 돌아가야 할 것 같아 4시쯤 발길을 돌렸다. 올 때와 반대의 방법대로 가면 될 것 같다. 시외버스를 타고 털털거리는 시골길을 한참을 달렸다. 포장된 도로이지만 오래된 자동차에서 나는 소음에다 끽끽 울려 대는 경음기 소리를 들으며 계속 달렸다. 도로 주변 시골의 논이나 밭에는 겨울이라서 그런지 곡식이나 식물은 없이 텅 비어 있다. 그냥 잡풀만 무성하다. 사파에서 하노이로 내려오니 추위가 좀 가신다. 17~23℃ 정도다. 아침에 내리던 비가 오후가 되니 그친다. 피곤한지 버스를 타고 이동하는 중에는 모두 고개를 숙이고 잠을 잔다. 퇴근 시간이 되니 도로가 정체되어 예약한 수상인형극을 보는 것은 어려워질 것 같은 예감이 든다.

돌아올 때도 버스를 2번 갈아타고 오는데 학생들 하교 시간과 퇴근 시간이 겹쳐 차량 정체가 심하다. 차장은 많은 사람이 한꺼번에 타는데도 버스 안을 돌아다니며 차비를 받는다. 학생들은 학생증을 보여 주니 차비를 받지 않는다. 어떤 아주머니도 신분증을 보여 주니 차비를 받지 않아 왜 차비를 받지 않느냐고 물어보니 교사라서 받지 않는다고 한다. 그분은 영어 선생님인데 일어도 할 줄 알아 양 팀장과 일어로 신나게 대화를 한다. 양 팀장은 직장을 다니면서 일어를 독학한 후 학원에서 강의까지 하게 됐는데 그 수입이 지금의 부를 일구는 밑바탕이 되었다고 한다. 집념의 사나이며, 대단한 능력가다. 하노이 시내에 들어와 정체가 너무

배낭여행은 처음이라서

심해 버스에서 내려 택시를 타고 늦지 않게 겨우 도착하여 수상인형극을
관람했다. 수상인형극은 물에서 인형을 움직여 연극을 하는 것이다. 입
장권은 20만 동이다. 인형극은 과거에 베트남에 왔을 때 본 기억이 난다.
특별히 재미있다고 느껴지지는 않는다.

| 물에서 인형을 움직여 공연을 하는 수상인형극 종료 후 출연진이 인사하는 모습

　수상인형극을 보고 식사를 한 후 호수 주변에 있는 야시장을 둘러보았
지만 특별한 것이 없다. 도로를 따라 양쪽에 옷 등을 비롯하여 각종 잡
화를 팔고 있지만, 관심을 가질 만한 물품은 없다. 호안끼엠 호수는 저녁
이 되어 조명을 밝히니 휘황찬란하다. 낮에 보는 풍경과는 전혀 다른 모
습으로 너무 멋지다. 숙소로 돌아와 로비에서 직원들과 베트남 팀이 축
구 시합하는 것을 관람한 다음 맥주를 한 잔씩 마시고 잠자리에 들었다.
　며칠 여행을 해 보니 배낭여행도 자신감이 생긴다. 어지간한 곳에는
갈 수 있을 것 같은 생각이 든다. 이번 여행의 큰 소득이다. 모르는 것이
있으면 주변에 자주 물어봐야 한다. 번역 프로그램이나 서투른 영어라도
부딪혀 보면 돌파구가 생긴다는 것을 알게 되었다.

| 야간에 호안끼엠 호수 옥산서당 주변에 불을 밝힌 모습

비 내리는 벽화 거리를 둘러보다

✦ 배낭여행의 여유

비가 추적추적 내린다. 여행하는 데 좀 불편할 것 같다. 길거리에서 빵을 사서 커피숍 2층으로 올라가 과일 주스와 함께 아침을 먹었다. 아침이라 2층은 우리밖에 없다. 양 팀장은 쌀국수보다는 빵을 더 좋아한다. 여유롭게 둘러앉아 빵과 커피를 마시며 행복에 빠져 본다. 배낭여행에 조금 적응이 되니 이런 여유도 생기는 모양이다. 처음의 불안했던 마음도 많이 진정이 되었다. 하노이 택시 외부에는 박항서 얼굴이 그려져 있다. 인기가 좋다 보니 택시 광고에 등장한 것이다. 멋지다. 자랑스럽다.

광표 씨가 한시(漢詩)를 재미있게 풀이하여 한바탕 웃음꽃이 핀다. 한시뿐 아니라 성경 등 다방면에 해박한 지식을 가졌다. 철학적인 교양이 깊어 우리는 철학 교수라는 닉네임을 붙여 줬다. 머리칼이 많지 않아 멋진 모자를 쓰고 있는 데다, 반백에 수염을 깎지 않아 덥수룩한 모습이 꼭 철학 교수처럼 보인다. 특히 순희 씨와 둘이 코미디를 하면 배꼽을 잡는다. 비가 오는 데다 하노이에서 특별히 가고 싶은 데가 없으니 여유롭게 담소를 하는 것이다.

라오스 루앙프라방으로 가는 항공권을 확인해 보니 시간이 지날수록 140달러에서 150달러로 자꾸 오른다. 다른 여행사와 비교해 본 결과, 1인당 항공료 132달러에 공항까지 태워 주는 비용이 15달러인 곳이 있어 그곳과 계약을 했다. 비가 오니 별로 할 일이 없다. 베트남에서는 구글 통역 앱은 택시 기사나 여행사 직원 등 외국인들을 상대하는 사람들이라면 보편적으로 사용한다.

✦ 비 내리는 벽화 거리

비행기 티켓팅을 한 여행사 직원에게 세라믹 벽화 거리를 가고 싶다고 하자 입구까지 안내해 주겠단다. 비가 부슬부슬 내려 우산을 쓰고 20분 정도를 걸어가서 육교를 건너자 벽화 거리가 보인다. 고맙다고 인사를 하고 우리끼리 도로변에 천연색 세라믹을 붙여 벽화를 만든 거리를 걸었다.

이 벽화는 하노이 수도 천도 1,000년을 기념하기 위해 2007년부터 2010년까지 높이 1.7m, 길이 3,950m에 달하는 거대한 벽에 만들어졌다. 하노이시 홍강을 따라 짠 꾸앙 까이 거리에서 시작해 엔푸 거리에서 끝나는 방대한 작업은 베트남 예술가들과 프랑스, 독일, 영국을 비롯한 외국 문화원의 적극적인 협력으로 이루어졌다. 벽에는 베트남 건국 신화를 비롯하여 베트남 왕조들의 역사와 서민들의 생활 등 다양한 모습이 다채롭고 아름답게 묘사되었는데, 2010년 기네스북에 세계에서 가장 긴 벽화 거리로 등재되었다. 자동차를 타고 막히지 않더라도 15분 정도를 달려야 겨우 시작과 끝을 볼 수 있단다.

| 하노이 천도 1천 년을 기념하기 위해 만든 3,950미터에 달하는 벽화 거리 풍경

배낭여행은 처음이라서

비오는 거리에 우산을 쓰고 세라믹 벽화 거리를 한 시간 정도 둘러보다 벽화 거리 중간쯤 오니 과일 도매 시장인 것 같은 큰 시장이 있어 들어갔다. 팔기만 할 뿐 먹어 볼 수가 없었는데 어느 큰 가게에서는 두리안 4kg을 20만 동을 주고 구입하자 먹을 수 있도록 깎아 준다. 머리통만큼 큰 두리안을 실컷 먹어 보았다. 보통 사람들은 두리안이 냄새가 나서 먹지 못하는 경우가 많고, 심지어 어떤 호텔은 냄새 때문에 두리안 반입을 금지한다고 하는데 우리 일행은 다행히 모두 두리안을 좋아해서 두 개나 먹었다.

| 벽화 거리 중간쯤에 있는 도매 시장에서 판매하는 각종 과일과 두리안

두리안과 망고 등 과일을 실컷 먹은 후 벽화 거리 관광을 마치고 숙소 근방으로 와서 발 마사지를 받았다. 한국인이 운영하는 마사지 가게로 1인당 1만 원인 비용을 양 팀장이 동생들을 위해 지불해 주어 1시간 정도 마사지를 받았다. 우중에 오랫동안 걸어서 피곤했는데 몸의 피로가 풀린다. 많이 피곤했던지 마사지를 하는 도중에 코를 골면서 잠이 들었다. 호안끼엠 호수 뒷골목은 여행자들의 거리라서 그런지 외국인들도 길거리에 쭈그리고 앉아 음식을 먹는다. 인도에는 오토바이를 세워 놓아 사람들은 차도로 다닌다. 비가 오는 관계로 점심을 먹고 아침에 커피를 마셨던 카페에 또 들어가 여유 있게 커피를 마시다 3시에 여행사 도착하니 비가 그쳤다.

✛ 배낭여행의 큰 수확, 자신감

30분쯤 기다리자 우리를 공항까지 데려다줄 자동차가 왔다. 짐을 싣고 고속도로를 달리다 보니 조금 전에 둘러보았던 세라믹 벽화 거리에 접어들었다. 일정한 거리를 두고 감상을 하니 벽화가 더 아름다워 보인다. 베트남을 떠난다니 아쉽다. 배낭여행의 자신감을 얻은 게 큰 수확이다. 이번 여행이 인생에 있어서 큰 전환점이 될 것 같은 생각이 든다.

공항까지는 승용차로 40분 정도 걸렸다. 승용차로 오니 편하고 쉽게 도착했다. 공항이 크지 않은 데다 승객들도 별로 없어 여유 있게 출국 절차를 마치고 출국장으로 들어갔다. 양 팀장은 어느새 개인 비용으로 샌드위치를 사 와서 팀원들에게 나누어 준다. 간단히 저녁을 먹고 루앙프라방으로 들어갈 것에 대비하여 책자를 살펴보았다. 잘 알지 못하고 다니다 보니 우왕좌왕하는 경우가 많다. 그렇지만 시간이 지날수록 여행에 대한 노하우가 쌓이면서 요령도 늘어 간다.

오늘은 여행 8일 차인데 상당히 오래된 것 같은 기분이 든다. 그만큼

배낭여행은 처음이라서 🐾

경험이 쌓인 모양이다. 비행기 표를 구매하고, 찾아다니면서 숙소를 구하고, 음식 주문하고, 버스를 탄다거나 길 찾아다니는 것도 이제 자신이 생긴다.

하노이 노이바이 국제공항은 규모는 크고 깨끗하나 이용객이 적다 보니 상당히 조용하다. 루앙프라방으로 가는 비행기에는 다양한 국적의 사람들이 탑승했다. 관광지라 그런 모양이다. 대부분이 서양인이다. 간단한 여행용 가방이나 배낭을 들거나 메고 다닌다. 작은 캐리어에 가벼운 배낭을 메고 중요한 것은 허리에 차고 다니는 스타일이 좋을 것 같다.

7시 10분에 출발하는 라오스 항공은 샌드위치와 음료수 등 간단한 음식을 제공한다. 저녁을 안 줄 것으로 예상하고 간단히 먹었는데 챙겨 주니 반갑다. 1시간 조금 지나자 도착할 준비를 하라고 한다. 대부분이 외국인이고 여행자들 같다. 베트남은 입국 신고서 작성이 없었는데 여기서는 입국 신고서를 작성하란다. 8시 30분 출국 절차를 마치고 나와서 유심칩을 끼웠으나 작동하지 않아 공항 입구 유심 판매하는 곳을 찾아갔더니 우리가 끼운 것은 라오스 유심이 아니고 태국 유심이란다. 인터넷으로 살 때 회사에서 잘못 준 모양이다. 할 수 없어 공항에서 2개를 샀다. 숙소는 정하지 않았지만, 입국 신고서에는 미리 봐 두었던 게스트하우스 이름을 통일해서 적었다.

✦ 라오스 도착

공항 입구로 나오니 택시가 기다린다. 시내까지 20달러 달라는 것을 14달러를 주기로 하고 택시를 탔는데 시내에 있는 민속박물관까지 5㎞로 10여 분 정도밖에 걸리지 않는다.

중심가 도로 양편은 야시장으로 변하여 불을 밝히고 있다. 외국인 관광객들이 즐비하다. 대단한 분위기다. 관광지에 온 기분이 든다. 여행용 가방을 끌고 또 숙소를 찾아 나섰다. 깨끗한 숙소인데 방 2개에 70불 달라고 했다. 하지만 더 싸고 좋은 숙소가 있는지 찾아본다며 30분 이상 주변을 돌아다녔다. 시간이 중요한지 가격이 좀 더 저렴한 숙소를 구하는 것이 중요한지 생각해 봐야겠다. 마땅한 호텔이 없어 처음 본 호텔에 70달러를 주기로 하고 들어갔다. 방 하나에 4만 원이다. 지금까지 묵었던 어느 곳보다 비싼 호텔이다. 그러나 목조로 된 호텔로 깨끗하여 마음에 든다.

오랜만에 고풍스러운 숙소에 들어오자 분위기도 있고 기분이 좋아 방 입구 탁자에 둘러앉아 맥주를 마시며 밤늦게까지 내일 일정 등 여러 가지 이야기를 하다 새벽 1시쯤 각자 방으로 들어갔다. 이번에는 나와 광표 씨가 더블 침대에서 같이 자고 양 팀장은 혼자 잤다.

Part 02

루앙프라방을 향하여,
라오스로

베트남

하노이

훼이 싸이

팍 뱅

루앙프라방

치앙마이

태국

라오스

캄보디아

Day 09

탁발 스님의 행렬, 루앙프라방

✦ 루앙프라방의 새벽 풍경

라오스는 인도차이나반도 중앙 내륙에 있어 바다가 없다. 인구는 700 만이지만 면적은 한반도의 1.1배다. 화폐 단위가 '킵'인데 1달러에 8,500 킵 정도다. 인구의 95% 이상이 불교도이며 1975년 공산 혁명으로 사회주 의 국가가 되었다.

6시 30분에 잠이 깨어 잠옷 바람으로 밖에 나갔다. 날이 훤하다. 벌써 길거리에는 관광객들이 많이 오간다. 스님들의 탁발 행렬이 있을 것 같 아 길거리로 나간 것이다. 관광객들이 카메라를 들고 오가고 있으며, 상 인들도 많이 있다. 길가 조금 높은 곳에 사람들이 모여 있기에 나도 올라 가 봤다. 한국 가이드가 관광객들을 모아 놓고 설명을 하고 있다. 관광객 중 한 명인 아주머니에게 탁발 스님들의 행렬이 지나갔는지 물어보았더 니 아주머니는 깜짝 놀라면서도 조금 전에 지나갔다고 한다. 왜 놀라는 지 가만히 생각해 보니 반바지에 티셔츠를 입은 옷차림에다 어제저녁 샤 워한 후 잠을 잤더니만 머리카락이 위로 비쭉 솟은 몰골을 한 상태로 물 어봤기 때문인 것 같다. 그것도 낯선 외국에서 한국어로 물어보니 놀라 지 않을 수 없었을 것이다. 바로 앞에 보이는 사찰 사진을 찍고 다시 숙 소로 돌아와 잠자리에 누웠다.

| 루앙프라방의 여행사 등이 밀집한 시가지 풍경

8시경 일어나 우리 다섯 명은 모닝커피를 마시며 여유를 즐겨 본다. 여유롭고 한가하다. 가슴이 확 뚫리는 것 같다. 이런 것이 진정 여유로운 여행이 아니던가. 광표 씨는 핸드폰에서 양현경의 「너무 아픈 사랑은 사랑이 아니었음을」이라는 조용하고 은은한 음악을 튼다. 노래가 가슴을 파고든다. 수많은 여행을 다니면서 이런 여유롭고 한가한 기분을 가지게 된 것은 처음이다. 패키지여행이었다면 아침부터 정신없이 바쁘게 다닐 텐데 배낭여행이다 보니 여유롭게 음악을 즐기면서 여행을 다닐 수 있다.

커피를 한잔하고 중심가로 나가서 환전을 한 다음 빵을 사고 쌀국수집으로 가서 빵과 함께 아침을 먹었다. 얼큰한 맛이다. 쌀국수가 15,000킵이다. 1원이 6킵 정도이니 6으로 나누면 우리 돈이다. 2,500원인 것이다. 저렴해서 기분이 좋다. 아침을 먹고 나자 10시 40분이다. 여유롭다. 이것이 힐링이며 진정한 여행이고 휴식이다. 오늘 일정은 아직 없다. 이제 아침을 먹었으니 생각해 봐야겠다. 아직 조급한 마음을 버리지 못한다.

여자들은 단체로 티셔츠를 구매하잔다. 좋을 것 같다. 길거리의 옷가게에서 라오스풍의 남자 티셔츠를 3개 샀다.

◆ 메콩강을 거슬러, 빡우 동굴로

여행사에 들러 주변에 어떤 관광지가 있는지 확인해 본 후 빡우 동굴로 가기로 하고 강변으로 가 보았다. 숙소 바로 옆이 메콩강이다. 강변으로 걸어가 보니 크고 작은 보트들이 줄지어 정박해 있다. 40만 킵 달라는 것을 35만 킵을 주기로 하고 배를 탔다. 5만 8천 원 정도다. 우리 5명만 태우고 12시 30분 빡우 동굴로 출발했다.

| 우리 일행 5명을 태우고 빡우 동굴로 가는 배

보트 길이는 20m 정도이지만 폭은 3m 정도로 기다란 배다. 가는 데 1시간 30분이 걸린다고 한다. 메콩강 상류인데도 강폭은 500m나 되고 붉은 흙탕물이다. 보트는 강변을 따라 상류로 시끄러운 엔진 소리를 내며 쉬엄쉬엄 올라간다. 강바람을 맞으며 달리니 가슴이 탁 트이는 기분이다. 그냥 아무 생각이 없다. 서울은 영하 10℃라는데 여기는 25℃다. 반소매와 반바지를 입고 샌들을 신고 뱃전에 기대어 보트가 강물을 헤치고 가는 소리를 들으며 생각에 잠긴다. 이렇게 행복해도 괜찮은가? 그냥 좋다. 시원하다.

상류인 이곳 강폭이 500m이면 하류는 얼마나 넓을까? 대단할 것 같은 생각이 든다. 온갖 찌꺼기를 모두 씻어서 흘러간다. 비록 흙탕물이지만 주변을 깨끗하게 한다. 겉보기는 누런 황토물처럼 보이지만 바닥이 진흙이라 누런색이지 물 자체는 깨끗하다. 여유를 갖자. 조급함을 버리자. 그냥 좀 쉬었다 가자고 마음속으로 되뇐다.

보트를 운전하는 선장에게 좀 미안한 생각이 든다. 오늘은 우리를 태우고 왔다갔다하면 더 이상 다른 손님을 태울 수 없을 텐데 5만 8천 원 받아 기름값 제하면 얼마나 남을까 계산해 보니 그런 것이다. 화폐 가치가 우리나라와 단순 비교하기는 어렵지만 별로 많이 남는 장사는 아닐 것 같다. 그래도 선장은 기쁜 마음으로 운전을 하고 우리가 물어보면 친절하게 이야기를 해 준다.

한참을 달려 보아도 강변의 풍경은 거의 비슷하다. 강변에 조그만 땅이라도 있는 곳에는 각종 곡식이 심겨 있다. 삶이 팍팍한 모양이다. 좀 측은해 보이기는 하지만 오히려 경쟁이 심한 우리보다 더 행복할지도 모를 일이다. 강폭이 좁은 곳에 교각 세우는 공사를 한다. 멍하니 먼 산을 바라본다. 뱃전에 부딪히는 물소리만 들린다.

강에는 온갖 배들이 오간다. 아주 조그만 배, 자동차를 싣고 다니는 배도 있고, 승객을 두 사람만 싣고 가는 배 등 온갖 배들이 메콩강을 오간다. 슬리퍼를 신은 선장은 핸들을 잡고 강변을 따라 여유롭게 운전한다. 강물이 어느 방향으로 흘러가는지 방향을 알 수 없을 정도로 천천히 흐른다. 뱃머리에 나가 앉아 있는데 뒤에 앉은 일행의 웃음소리가 호탕하게 들린다. 순희 씨의 애교스러운 이야기에 호호거리며 웃는 경희와 허허허 하며 너털웃음을 짓는 광표 씨의 웃음소리로 보아 무척 재밌는 모양이다. 이야기 내용이 궁금해지기도 하지만 시원한 강바람을 맞으며 뱃전에 생각 없이 앉아 있는 내가 더 행복한 것 같다.

배낭여행은 처음이라서

오늘 새벽에 소나기가 내리더니 강물에는 나뭇조각과 플라스틱 빈 병 등 부유물이 떠다닌다. 광표 씨와 순희 씨가 초등학생의 흉내를 내며 재밌게 이야기를 하기도 하고, 동요를 부르기도 한다. 동심으로 돌아간 모양이다. 웃음이 절로 난다.

배는 뒤에서 무엇을 하든 말든 그냥 쉼 없이 달린다. 메콩강물도 그냥 조용히 흐른다. 순희 씨는 율동을 하며 동요를 부른다. 천진스럽다. 동요는 끝없이 이어진다. 「과수원길」, 「오빠 생각」, 「꽃밭에서」 등 동요를 부르니 어릴 적 옛 생각이 떠오른다.

메콩강하면 베트남 전쟁이 생각난다. 월남과 월맹, 즉 베트콩과 전쟁을 할 때 맹호 부대, 청룡 부대 등을 파견하여 밀림에서 전쟁을 하면서 우리의 형님들이 수없이 죽어 갔던 이야기를 들어 왔는데 그 현장은 아니지만, 주변에 와 보니 격세지감이라는 생각이 든다. 그럴 것이다. 벌써 40~50년이 되었으니 말이다. 그 옛날 그렇게 치열하게 싸웠었는데 이제는 현대자동차가 하노이 거리에 제일 많이 달리고 있으며, 삼성 광고판과 우리의 공장이 즐비하다.

한 시간쯤 쉼 없이 달리던 배가 조그만 선착장에 뱃머리를 댄다. 마을로 올라가니 직접 손으로 짠 스카프와 옷을 비롯하여 각종 잡화 등을 파는 가게가 보인다. 강변에 있는 조그만 시골 마을이다. 물건을 팔기 위해 관광객들을 들르게 하는 모양이다. 허름한 사원 등을 구경하고 구멍가게에 들러 목이 말라 라오 맥주를 한잔 마시면서 좀 쉬었더니 시원하면서도 취기가 돈다. 30분 정도 마을을 둘러보고 다시 배를 타고 30분 정도 더 달려 동굴에 도착했다.

빡우 동굴은 루앙프라방에서 25㎞ 떨어져 있다. 석회암 절벽 아래쪽의 '땀 팅', 위쪽의 '땀 품'이라는 2개의 동굴이 있는데, 동굴에는 수백 개의 조그마한 불상이 안치되어 있다. 아래에 있는 땀 팅은 배에서 내려 가파른 계단을 조금 올라가면 들어갈 수 있다.

땀 팅 왼쪽으로 난 계단을 따라 한참 올라가면 땀 품 동굴이 있는데 이 동굴은 더 깊숙한 곳에 자리 잡고 있다. 이곳은 절벽에 뚫려 있는 자연 동굴에 조그마한 불상을 많이 모셔 둔 것으로, 우리나라의 절에 큰 부처님을 모셔 둔 것과는 매우 다르다. 우리 정서하고 차이가 크다. 그냥 자연 동굴에 조그만 불상을 많이 안치해 둔 것이다. 계단을 한참 오르니 땀이 나면서 숨이 찬다. 중간에 숨을 좀 고르고 또 오른다. 더 나이 들면 관광 다니기 힘들 것 같다는 생각이 든다. 제대로 청소도 안 되어 있는 등 별로 감흥이 없다. 멀리 온 것에 비해 볼 것이 별로 없다.

동굴로 오가는 길에는 초등학생 정도의 어린아이들이 새와 과자, 묵주 등을 가지고 다니며 관광객들을 상대로 사 달라고 사정을 한다. 어린아이들은 물건을 팔기 위해 두 계단씩 뛰어다니며 왔다갔다한다. 불쌍한 마음이 들면서도 선뜻 사 주지를 못한다. 내가 너무 소심한 것인가. 한 아이 것을 사 주면 다른 아이도 달려와 자기 것도 사 달라고 한다. 별 감동 없이 두 동굴을 둘러본 다음 배로 돌아왔다. 되돌아올 때는 강물의 흐름과 같은 방향으로 오기 때문에 30분 정도 단축되어 1시간 정도 걸렸다.

배낭여행은 처음이라서

| 배에서 내려 곧장 올라가면 나오는 땀 팅 동굴에 안치된 각종 모양의 불상

✦ 푸 시 언덕의 일몰

부두에 도착하자마자 푸 시 언덕에서 보는 일몰이 멋있다고 하여 계단을 급히 올라갔다. 시내 중심에 있는 해발 100m 정도의 언덕이다. 작은 언덕이지만 높은 건물이 없는 루앙프라방에서는 눈에 띄는 곳이다. 중간쯤 올라가자 입장료를 내야 더 올라갈 수 있다고 한다. 일몰 시각이 임박하여 입장료를 내고 급히 올라가니 수많은 관광객이 좋은 자리는 벌써 다 차지한 채 일몰 광경을 지켜보느라 북새통이다. 관광객 틈 사이를 비집고 들어가 메콩강 건너편 산자락 너머의 서쪽 하늘을 붉게 물들이며 떨어지는 멋진 일몰 광경을 감상했다. 우리나라에서도 볼 수 있는 일몰이지만 왜 여기서 보는 일몰은 더 멋있을까? 주변 환경과 잘 어울리니 그런 모양이다.

일몰 사진을 여러 장 찍은 다음 탑 뒤로 돌아가니 금빛의 탓 참씨 사원이 자리 잡고 있고, 빙 둘러가며 보이는 루앙프라방 시내가 한눈에 내려다보인다. 산 아래 숲속에 아늑하게 자리 잡은 도시 전체가 너무나 평화롭게 보인다. 단독 주택의 집들은 모두 붉은 지붕으로 되어 있다. 도시 풍경이 환상적이다. 높은 성에서 내려다보았던 헝가리 등 동유럽 같은 분위기다. 메콩강 너머로 떨어지는 붉은 석양의 모습보다 더 멋지다. 떨어지지 않는 발걸음을 뒤로하고 푸 시 언덕을 내려왔다.

ㅣ 푸시 언덕에서 메콩강 너머 저 멀리 아트막한 산으로 넘어가는 일몰을 감상하기 위해 몰려든 수많은 관광객

배낭여행은 처음이라서

✦ 라오스의 시원한 밤공기

푸 시 언덕을 오르내리느라 땀을 흘려 샤워를 하고 숙소인 호텔 바로 앞에서 샤브샤브로 저녁 식사를 하였는데 매콤하면서 중독성이 있어 너무 맛있다. 매운맛으로 인해 땀을 흘리며 먹었다.

밤이 되면 숙소 바로 앞 도로에는 차량 통행을 금지한 채 야시장이 열린다. 거의 1㎞의 거리에 수백 개의 옷과 스카프, 그림, 각종 장신구와 그릇, 민예품 등의 가게와 함께 또 먹자골목도 있다. 먹자골목은 관광객으로 인해 발 디딜 틈이 없을 정도로 붐빈다. 한국 관광객도 많이 눈에 띈다. 저녁 식사 후 시원한 밤공기를 쐬며 거리의 모습을 구경했다. 서두를 것 없이 느긋하게 돌아다니기만 해도 힐링이 된다.

각종 열대 과일을 구입하여 숙소에 와서 먹은 다음 그냥 잠자는 것이 아쉬워 뚝뚝이를 타고 한 시간 정도 시내 구경을 다녔다. 여기 뚝뚝이는 삼륜차를 개조한 교통수단으로 크기에 따라 6~10명 정도 탈 수 있다. 강변을 따라 돌아보니 시내가 상당히 넓다. 우리 숙소 주변에만 카페 등이 있는 줄 알았는데 강변을 따라 호텔과 카페와 식당이 즐비하다. 대부분이 외국 관광객들이다. 시내를 둘러보고 난 다음 또 한 시간 정도 발 마사지를 받은 후 잠자리에 들었다. 마사지 비용이 1만 원도 안 될 정도로 저렴하니 자주 이용한다.

Day 10
루앙프라방 새벽 시장에서 길을 잃다

✦ 여행자도 참여하는 새벽 공양

5시 30분에 일어나 숙소 앞 도로변으로 나갔다. 벌써 수많은 사람이 길거리에 앉은뱅이 의자를 가져다 놓고 앉아 있는데 밥을 넣은 조그만 밥통에 뚜껑을 덮은 채 주걱을 들고 있다. 어떤 사람들은 신발과 양말을 벗은 채 앉아 있다. 5시 50분쯤 되자 스님들이 줄지어 나온다. 길거리에서 탁발하는 스님을 기다리는 사람들은 공양 밥통 뚜껑을 열고 주걱으로 밥을 퍼서 스님들의 발우에 담아드린다. 밥뿐 아니라 과자, 과일, 수건 등도 넣어 주기도 한다. 앉아 있는 사람 중에는 주민들도 있지만, 대부분이 여행객이다. 세계 각국의 여행객들이 길거리에 앉을 자리가 없을 정도로 길게 자리 잡고 있다. 스님들은 우리의 전기밥솥 크기의 발우가 어느 정도 차자 중간쯤에 있는 큰 바구니에 밥을 퍼서 넣는다.

이런 스님들의 행렬은 6시 20분까지 1㎞의 거리에서 이어졌다. 우리 일행 중 한 명인 순희 씨도 공양 밥을 사서 탁발 행렬에 동참했다. 탁발하는 사람들과 이를 촬영하는 사람들로 거리는 넘친다. 너무 멋진 광경이다. 스님이나 동참하는 관광객들이나 모두 숭고하고 거룩하게 보인다. 중간에 스님들이 밥을 퍼서 통에 넣어 둔 밥은 사찰에서 나와 뚜뚝이로 실어 간다고 한다. 가이드의 안내를 받아 동참한 한국인 관광객들도 많이 보인다. 대부분의 사람이 흩어졌는데도 깔끔하게 차려입은 현지 주민 부부는 자리를 뜨지 않은 채 앉아 있다. 왜 그러냐고 물어보니 아직 한 사찰의 스님들이 오지 않았다면서 그 스님들을 기다린단다. 정말 조금 더 기다리니

88   배낭여행은 처음이라서

스님들이 나타났다. 불심이 대단한 분들인 것 같다. 늦게 온 스님들은 공양하는 사람들이 대부분 가 버린 탓에 탁발을 별로 하지 못했다.

베트남, 라오스, 태국, 미얀마 등 우리가 관광하는 동남아시아 사람들은 우리보다 생활 수준은 낮을지라도 삶의 만족도는 훨씬 높을 것 같아 보인다. 불교나 부처님에 대한 믿음은 대단하다. 각 가정이나 직장에 조그만 신주 같은 곳에 불상 등을 안치해 놓고 향을 피운 다음 밥이나 음료 등을 차려 놓고 기도를 한다. 신분의 고하를 막론하고 자기 나름대로 기도를 한다. 관공서도 마찬가지다. 자동차나 보트나 어떤 곳에도 꽃을 바친다든지 나름대로 형상을 만들어 놓고 기도하는 것 보면 신앙심이 대단하다는 것을 느낀다.

| 위: 공양밥통을 앞에 두고 스님 오기를 기다리는 관광객
  아래: 발우를 들고 탁발하는 스님

✦ 시내 한복판에서 미아가 되다

탁발 행렬 관람을 마치고 ATM 기계에서 돈을 찾는 사이 같이 나왔던 경희와 순희 씨가 보이지 않았다. 숙소 바로 앞이라서 집으로 갔을 것으로 생각하고 새벽 시장이 열리는 곳으로 가 보았다. 국립 박물관 지나 사원 옆 골목으로 들어가니 T 자 모양으로 1㎞ 정도 이어져 있다. 채소와 물고기, 곡식, 잡화, 닭, 고기, 옷 등 온갖 것이 다 있다. 새벽 시장에는 관광객도 있지만, 주민들이 더 많이 보인다. 저녁 야시장은 11시 정도 되니 모두 철시하고 아무것도 없다. 또 아침 7시가 지나자 루앙프라방 국립 박물관 입구 주변에는 옷과 앞치마 등 잡화를 파는 노점이 차려진다.

┃국립박물관 옆 골목에서 열리는 ┃새벽시장에서 판매되고 있는 물고기
　새벽시장에는 과일과 식료품이
　대부분이다.

새벽 시장을 둘러보고 숙소로 와서 여자 방 문 앞을 보니 신발이 보이지 않는다. 아직 안 들어온 것 같아 주변을 찾아 나섰지만 보이지 않아 숙

　　　　　　　　　　　　　　배낭여행은 처음이라서

소로 다시 왔더니 숙소를 찾지 못해서 헤매고 있다고 양 팀장에게 전화가 왔다고 한다. 그러면서 자기들이 있는 장소가 어딘지 모르겠다고 한단다. 바로 집 앞 도로에서 헤어졌는데 숙소를 못 찾는다는 것이 이상하다.

전화 통화를 하려면 라오스 유심칩을 끼운 사람만이 카톡 무료 전화로 통화가 가능하다. 유심을 끼우지 않으면 전화 통화가 불가능하다. 좀 더 기다리니 두 사람이 들어오는데 순간적으로 방향 감각을 잃어 길을 못 찾아 한참을 헤매다가 왔다며 화를 낸다. 미안하다. 끝까지 챙겼어야 했는데 ATM 기계로 가서 돈을 찾는 순간 헤어진 모양이다. 밤에만 다니다가 낮이 되니까 거리 모습이 달라 헷갈렸던 모양이다.

✦ 아기 엄마들과 합승하다

아침에 숙소 앞 탁자에서 차를 마시는데 우리 숙소에서 머무르고 있는 강릉에서 온 젊은 여성 3명과 이야기를 나누게 되었다. 우리는 육십이 넘은 다섯 명이 한 달 정도 계획 없이 여행한다고 하니 몹시 부러워한다. 내가 생각해도 부러움을 살 만하다.

오늘은 한국에서 각자 아이들을 한 명씩 데리고 온 젊은 엄마 두 분과 함께 폭포 구경을 하러 가기로 어제저녁에 약속했다. 시내를 구경하다 우연히 만난 관광객들이었는데 두 팀이 한 차로 가면 가격을 절약할 수 있을 것 같아 오늘 아침에 만나기로 한 것이다. 우리 5명과 여자 쪽 4명이면 9명이다. 조그만 뚝뚝이에 다 탈 수 있을까 걱정을 했는데 뚝뚝이 운전사가 사람이 많은 것을 알고 오토바이로 된 뚝뚝이가 아닌 소형 트럭으로 만든 송태우를 가지고 왔다. 송태우는 삼륜차 아니면 소형 트럭을 개조해 나무판을 양쪽으로 설치해 앉을 수 있도록 자리를 만든 교통수단으로서 10명 이상 탈 수 있다. 그러면서 가격을 좀 더 달라고 한다. 그럴 수밖에 없을 것 같다.

✦ 아름다운 꽝시 폭포

꽝시 폭포는 루앙프라방 근교에서 가장 아름다운 폭포다. 시내에서 남쪽으로 35㎞ 떨어진 꽝시산에 있는 폭포로 우리 송태우로 1시간 정도 걸리는 거리에 있다. 정문 매표소에서 입장권을 끊어 들어가면 원시림이 나타난다. 길 양쪽에는 곰 사육장도 있다. 함께 간 엄마들과는 3시에 입구에서 만나기로 하고 각자 헤어졌다. 비취색을 띠는 조그만 폭포 여러 곳을 지나서 더 올라갔더니 엄청난 높이의 폭포가 나타난다. 일행과 함께 여러 장의 사진을 찍었다. 꼬마들을 데리고 온 엄마들은 아이들이 수영할 수 있도록 튜브 등을 준비해 왔다. 날씨가 좀 쌀쌀하여 물에 들어가는 사람들은 보이지 않는다. 일부 서양 사람들은 폭포 주변의 나무에 올라가 무용담을 자랑하기도 하지만 대부분의 사람은 구경하고 사진만 촬영한다.

폭포 주변의 화장실과 위험 표시 등 안내판에 영어와 중국어와 함께 한글로 적어 놓았다. 우리나라 관광객들이 많이 찾아오기도 하겠지만 위상이 상당히 높아졌다는 것을 실감했다. 폭포까지 올라가는 길은 경사도 별로 없고 험하지도 않아 20분도 채 걸리지 않는 거리다. 우리는 제일 큰 폭포 앞에서 단체 사진을 촬영한 다음 주변에서 음료수를 마시며 좀 쉬다 천천히 내려왔다. 폭포에서 되돌아 내려오는 길도 커다란 원시림이 우거져 있다.

입구로 내려와 코코넛을 구입하여 마신 다음 아직 동행한 엄마들과 만나기로 한 3시까지는 시간상으로 여유가 많아 동네 안쪽으로 산책하러 갔다. 한참을 둘러보고 오는 길에 레스토랑이 있어 들어갔다. 폭포수가 떨어지는 멋진 분위기에서 커피를 마시며 쉬다 보니 몸의 피로가 풀린다. 다른 일행과 함께 송태우를 타고 온 관계로 교통 비용은 좀 아꼈지만 별로 할 일도 없이 많은 시간을 기다려야 하는 등 아까운 시간을 허비한

I 루앙프라방 시내에서 남쪽
으로 35킬로미터 지점에
있는 꽝시 폭포

I 꽝시 폭포의 멋진 모습

것 같은 생각이 든다. 신중하게 생각하고 결정해야 하는데 처음 만난 사람들의 이야기에 별 생각도 없이 동의해서 그런 것 같다.

애초 약속한 대로 3시가 되자 젊은 엄마들이 아이들을 데리고 나타났다. 아이들은 그 시각까지 폭포 물에서 수영하며 즐겼단다. 좀 쌀쌀하게 느껴지는 날씨인데도 애들은 괜찮은 모양이다. 송태우를 함께 타고 온 여자들은 울산에서 수학과 미술을 가르치는 여교사들인데, 남편들은 직장에 다니기 때문에 못 오고 아이들만 데리고 방학을 맞아 여행을 왔단다. 송태우 요금을 아끼기 위해 이들과 동행한 관계로 비용도 나누어 냈다. 젊은 여성들의 알뜰한 면모를 보니 대단하다는 생각이 든다.

이들은 방학에 여행할 것을 대비하여 오래전에 항공권만 예약하고 다른 것은 현장에서 부딪히면서 해결한단다. 여교사들은 날씨가 좀 쌀쌀한데도 불구하고 아이들과 함께 내내 수영을 하면서 물에서 놀았다고 한다. 이들과 함께 송태우를 타고 오가며 애들 교육 문제, 요즘 중고등학생들의 학교 생활, 울산 지역 현안 등 여러 가지 이야기를 하기도 했다.

✦ 왓마이 사원과 황금 불상

루앙프라방 시내에 오니 아직 4시가 좀 안 되어 숙소 가까이 있는 왓마이 사원을 방문했다. '새로운 사원'이라는 뜻으로 국립 박물관 바로 옆에 있으며, 건축 기간만 70년 정도 걸려 1821년에 지어졌으며, 내부는 아름다운 금빛 장식으로 꾸며져 있다. 라오스의 가장 큰 신년 행사인 '삐 마이(Pi Mai)' 때 파방을 이곳으로 옮겨 물에 씻으며 소원을 비는 행사가 열린단다. 입장료를 지불하고 본당을 들어갈 때는 신발을 벗어야 한다. 동남아 대부분 국가에서는 사원 내부에 들어갈 때는 신발과 양말까지 벗어야 한다.

| 루앙프라방 국립 박물관 옆에 있는 왓마이 사원

    왓마이 사원 바로 옆에 국립 박물관이 있어 갔더니만 운영 시간이 지나서 관람은 하지 못하고 저녁 6시에 시작하는 민속 공연 예약만 하고 숙소로 돌아왔다. 우리 호텔이 국립 박물관 담장과 좁은 도로를 마주하고 있어 오가며 자주 봐서 관람하고 싶었는데 아쉬웠다. 이 박물관은 1904년 시사왕웡 왕가의 거주지로 사용하기 위해 지어졌으며, 20여 년 만에 완공되었다. 1975년 사회주의 혁명 이후, 라오스 왕조의 마지막 왕가가 라오스 북부로 추방되면서 박물관으로 사용되기 시작하여 일반인에게도 개방되었다. 박물관의 최대의 볼거리는 황금 불상인 '파 방(Pha Bang)'이다. 파 방은 루앙프라방이라는 도시 이름의 유래이기도 한 신성한 불상으로 전체 90%가 황금으로 되어 있으며 무게도 50kg에 달한다. 라오스에서 가장 신성시되는 불상이자 란쌍 왕조의 수호신 역할을 했다고 전해진다. 한때 약탈당했으나 1867년에 반환되었다. 건물 안에는 왕립 발레 극장이 있다.

| 루앙프라방 국립 박물관

✦ 치앙마이 여행 준비

내일은 애초 방비엥으로 이동하여 관광하기로 했으나 여자 두 분이 위험하고 활동적인 관광을 원치 않아 곧바로 태국으로 넘어가기로 하고 교통편을 예약하기 위해 여행사를 찾아갔다. 치앙마이로 가는 배와 버스편을 알아본 결과 배로 가는 것이 좋을 것 같아 내일 아침 7시에 숙소 앞에서 픽업해 주기로 하고 계약을 했다. 비용은 28만 킵이다. 9시간 배를 타고 간 후 중간 지역에서 하룻밤 쉬었다가 다음 날 또 9시간 배를 타고 태국으로 넘어가는 것이다. 태국 국경을 넘어 또 버스로 15시간 정도 가야 치앙마이에 도착한단다. 거의 3일을 이동해야 한다.

태국으로 가는 배편을 예약하고 국립 박물관에 가서 민속 공연을 1시간 정도 관람했다. 공연은 라오스의 풍습 등을 주제로 한 것이다. 공연이 규모있게 잘 짜여져 있거나 흥미롭지는 않았다. 관광객 중에는 외국 관광객들도 많다. 공연을 마치고 골목 시장으로 가서 각종 요리에 맥주를 곁들여 저녁을 먹었다. 골목시장은 세계 각지에서 온 관광객들로 붐빈다.

배낭여행은 처음이라서

저녁 식사 후 호텔로 돌아와 숙소 앞 복도에서 과일을 먹으며 내일 여행 일정 등을 비롯하여 여러 가지 이야기를 나누었다. 하루하루가 새로운 도전이고 또 내일은 어떤 세상이 펼쳐질지 기다려진다.

메콩강을 거슬러 팍 벵으로

✦ 평화로운 루앙프라방

5시 반에 일어나 바깥에 나가 보니 이슬비가 내린다. 탁발하는 행렬이 보이나 해서 길거리로 나가 보았으나 비가 와서 그런지 사람이 별로 보이지 않는다. 일기예보는 맑다고 이야기하는데 조금 지나면 괜찮아질 것인가? 여행 출발 이후 지금까지 날씨가 좋을 때가 별로 없었다.

루앙프라방에 와서 3일을 머물다 숙소를 떠났다. 지금까지 지낸 어떤 호텔보다 숙소가 마음에 들었다. 한 호텔에서 3일을 지나고 나니 편안하고 익숙해졌다. 직원들도 친절하고 시설도 좋은 편이다. 빌라 형식으로 되어 있으며 오래된 고풍스러운 목조 건물이다.

여기도 하노이보다는 덜하지만, 인도에는 오토바이와 차를 세워 놓아 사람들은 도로로 다녀야 한다. 하노이는 사람이 많고 또 지저분하다. 라오스 사람들이 베트남보다 더 인간적이고 순수하다. 베트남은 조그마한 것도 요금을 요구하는 데 비해 라오스는 생활 수준은 더 어려울지는 몰라도 여유가 있어 보인다. 서울은 이런 곳에 비하면 잘 정돈되고 아주 깨끗한 도시다. 자부심을 느낀다. 내가 한국인이라는 것과 대한민국에서 태어났다는 것이 너무 뿌듯하고 축복받은 것임을 알게 됐다.

오늘은 배를 타고 7시간에서 9시간을 태국 국경을 향해 메콩강을 거슬러 올라갈 예정이다. 새로운 경험이라 기대되고 또 흥분되기도 한다. 1박 2일 배를 타고 간다.

배낭여행은 처음이라서

길거리의 개들도 편안하고 자유로워 보인다. 사람을 두려워하지 않는다. 동남아에서는 사람이 죽으면 개로 환생한다는 속설이 있어 개를 구박하지 않는다고 한다. 사람의 인성이 착하니까 동물들도 그런 모양이다.

✦ 보트를 타고 치앙마이로

호텔 앞으로 온 뚝뚝이를 타고 선착장으로 출발했다. 먼지가 나는 한적한 시골 도로변에서 아주머니들이 찜통 하나를 두고 옥수수를 삶아 팔고 있다. '이런 곳에서 옥수수를 사는 사람들이 있을까' 하는 생각이 든다. 동남아 사람들이 오토바이를 타고 다닐 때 두꺼운 마스크를 끼는 것은 오토바이나 뚝뚝이들이 내뿜는 매연 때문인 것 같다. 오토바이나 뚝뚝이가 오래되다 보니 달릴 때는 심한 매연을 내뿜는다. 여기서 오토바이는 중요한 교통수단인 관계로 자동차와 마찬가지로 한 차선을 차지한 채 달린다. 주민들의 발이나 마찬가지다. 걸어 다니는 사람은 거의 없다.

20여 분을 달려 선착장에 도착했다. 폭은 4m, 길이는 30m 정도 되는 크기로 100여 명 정도가 탈 수 있는 기다란 배다. 현지인은 몇 명 되지 않고 대부분이 외국 관광객이다. 메콩강을 이용하여 관광하는 사람이다. 서양인들은 큰 배낭을 뒤에 짊어지고 또 앞에도 좀 작은 배낭을 메고 여행을 다닌다. 진정한 배낭여행꾼의 모습처럼 보인다. 힘도 꽤 세야 할 것 같다.

출발 시각인 8시 30분이 지났는데도 승객들이 꾸역꾸역 몰려온다. 각양각색 복장을 한 사람들과 다양한 국가와 인종의 사람들이 탑승한다. 겉모습으로 보아 잘 판별은 안 되지만 승선한 사람들을 둘러보니 커다란 배낭을 멘 서양인과 히잡을 쓴 채 빵과 고기를 열심히 먹고 있는 이슬람인, 인도인처럼 보이는 사람, 배가 불룩하게 보이는 사람, 아기를 안고 있는 사람, 큰 짐을 들고 타는 현지인과 우리 일행 5명이다.

중간에 통로가 있고 좌우로 버스처럼 2~3인석으로 되어 있는데 거의 만석이다. 관광객과 현지인이 반반 정도다. 8시 50분이 지나자 배가 시동을 걸고 대기한다. 큰 부대와 보자기 든 현지인 5명이 타자 뱃머리가 부두에서 떨어진다. 좌석을 거의 다 채운 채 배가 출발한다. 구름이 낀 날씨지만 배가 달리니 스치는 바람이 시원하다.

뱃머리에 잔잔한 물결을 일으키며 메콩강을 거슬러 올라간다. 조금 시끄럽게 엔진 소리가 들린다. 그저께 빡우 동굴을 갈 때 타고 갔던 유람선처럼 우리 배도 강 중앙을 지나 반대편 강기슭으로 간다. 강 중앙보다는 강기슭의 물결이 더 잔잔하니까 기슭으로 거슬러 올라가는 모양이다. 얼굴에 부딪히는 강바람이 시원하다. 산 중턱에는 안개가 걸쳐 있다. 그저께 동굴 갈 때 보았던 교량 공사 지점을 지났다. 중국 업체가 강폭이 좁은 곳에서 공사를 하고 있다.

✦ 배 위의 다섯 사람

우리가 그저께 탔던 크기의 조그만 유람선은 우리 배보다 더 강변에 붙어서 평행하게 달리지만, 점점 뒤로 처진다. 우리 배가 유람선보다는 좀 빨리 달리는 것 같다. 우리 일행 중 경희와 양 팀장은 구명조끼를 입은 채 고개를 숙이고 잠이 들었다. 100여 명의 승객 중에 아무도 입지 않은 구명조끼를 두 명만 입고 있다. 좀 우스꽝스럽다. 광표 씨와 순희 씨는 여행안내 책을 보고 다음 기착지인 태국 치앙마이에 대해 열심히 공부하더니 스치는 강바람이 좀 차가운지 옷매무새를 여미고 강변의 풍경을 조용히 응시한 채 앉아 있다. 조금 지나니 순희 씨도 잠든 모양인지 움직임이 없다. 광표 씨는 이번 여행에서 철학 교수라는 닉네임을 얻었듯이 아주 고상하고 자신을 되돌아보게 하는 유머러스한 이야기를 자주 하여 우리 일행을 즐겁게 해 주었다.

광표 씨는 강변을 바라보면서 무엇을 생각하는지 깊은 상념에 잠겨 있

배낭여행은 처음이라서

는 모습이다. '인간은 무엇인가. 저 아름다운 자연 속에서 살면 얼마나 행복할까? 잔소리하던 아내를 집에 두고 혼자 왔더니 처음에는 속이 시원하더니만 열흘이 지나니까 무엇을 하고 있을까 궁금해지기도 하고 보고 싶어진다. 다음 여행할 때는 남대 형과 경희 누님처럼 같이 다녀야겠다'라는 생각을 하고 있는 건 아닐까 싶다.

한 시간쯤 졸던 양 팀장과 경희와 순희 씨는 잠이 깬 모양이다. 양 팀장과 광표 씨는 배 뒷전으로 간다. 니코틴이 필요한 모양이다. 인천 공항을 출발할 때 비행기 탈 시각이 촉박함에도 면세점에 들러 할인 티켓을 가지고 각각 담배를 네 보루와 두 보루 샀다. 국내에서는 금연 규제 때문에 마음대로 피우지 못하던 담배를 여행지에서는 눈치 보지 않고 맘껏 피울 수 있으니 이 또한 큰 자유로움일 것이다. 두 남자는 수시로 사라진다. 그래서 나는 가끔 외톨이가 된 기분이 들 때도 있다.

✦ 기상천외 병아리 달걀

1시간 반을 거슬러 올라가자 며칠 전에 들렀던 빡우 동굴을 지난다. 한 번 왔던 곳이지만 새롭게 보인다. 이번 여행에서의 느낌의 주제는 '여유로움'이라 할 수 있다. 이렇게 자유롭게 여유를 갖고 다니기는 처음이다. 강을 거슬러 올라갈수록 큰 나뭇가지와 통나무, 아주 긴 대나무 가지 등 각종 부유물과 강 중앙에 돌출한 바위 등이 배의 통행을 방해한다. 선장은 강의 지리와 강바닥의 형태도 잘 알아야 할 것 같다. 한쪽 강변만 따라 올라가던 아래와는 달리 상류로 올라갈수록 강을 이리저리 오가며 각종 방해물을 피해서 운행한다. 강바닥의 형태를 모르고 운행하다가는 좌초되는 등 큰 사고를 당할 수도 있을 것 같다. 만약 좌초가 될 경우 어떻게 할 것인가를 생각해 본다. 우선 구명조끼를 입고 경희와 함께 강으로 뛰어 내려 겁먹지 않도록 진정을 시킨 후 물살에 몸을 맡기고 서서히 강변 쪽으로 가야 할 것 같다. 강변에 도착을 하면 무리하게 길을 찾아 나서기보다 그 자리에서 기다리면 배가 좌초를 당한 것을 알고 구조를 올 테니까 그때까지 기다려야 한다는 생각이 든다. 할 일이 없으니까 별 생각을 다 해 본다.

배의 삼분의 이 지점인 뒷부분에 프로펠러를 돌리는 발동기가 있다. 발동기에서 나오는 열기로 뒷부분은 훈훈하며, 방바닥처럼 평평하게 되어 있어 누울 수도 있다.

선착장에서 배를 타기 전에 배에서는 물건을 팔지 않는다고 해서 점심 대용으로 달걀 15개와 귤을 샀다. 2시간쯤 지나 배가 출출하여 달걀을 먹기 위해 깠더니 반쯤 병아리가 된 달걀이다. 깜짝 놀라 다른 달걀도 깨 보았지만 마찬가지다. 옆에 있는 서양인에게 보여 주었더니만 깜짝 놀란다. "오 마이 갓" 하며 어떻게 그럴 수 있느냐는 표정이다. 15개 모두가 그런 것 같아 현지인에게 보여 주며 물어보았더니 오히려 더 영양이 풍부하고 맛있는 것이란다. 우리는 먹을 수 없어 달걀 모두를 주었더니 고맙다면서 티스푼으로 퍼서 맛있게 먹는다. 우리가 개고기를 맛있게 먹듯이 이들도 이런 달걀이 맛있는 음식인 모양이다.

ㅣ 반쯤 병아리가 된 계란을 맛있게 먹고 있는 현지인

배낭여행은 처음이라서

✦ 사람 구경

2시간쯤 달리자 중간 기착
지에 도착하여 승객 5~6명을
태우고 다시 출발한다. 배는
강의 돌출한 바위나 부유물
을 피해서 잘도 간다. 마을의
위치에 따라 왼쪽과 오른쪽
으로 옮겨가며 손님들을 태우
거나 내려 주며 달린다. 황토
색 강물에는 각종 부유물이
떠내려 온다. 주로 나무토막
이다. 중간에 탄 현지인들은
무슨 이야기인지 모르지만 시
끄럽게 이야기한다.

흐린 날씨인 관계로 높은
산 윗부분은 구름에 휘감겨
있다. 서양인 부부는 6~7살
정도의 아들과 딸을 데리고

Ⅰ 서양인 여행객은 다른 사람 의식하지 않고 선실 바닥
에 누워 책을 읽고 있다.

여행 중인데 꼬마들은 책을 보고 있고, 부인은 배 바닥에 앉아 다리를
꼬며 요가를 하더니만 또 금방 책을 읽는다. 그러고는 조금 있더니 누워
서 책을 읽는 등 주위의 시선을 전혀 의식하지 않은 채 자유분방하다.
남을 의식하지 않는 자유로운 태도가 부럽다.

올라갈수록 강 중간마다 도출된 바위가 배의 통행을 위협한다. 강폭도
좀 좁아지고 부유물도 많이 떠내려 온다. 메콩강은 중국의 티베트에서
발원하여 길이가 4,020㎞로 동남아시아에서 최대로 길며, 세계에서도 손

꼽히는 강이다. 중국 윈난성의 남쪽으로 흘러 라오스와 미얀마 국경을 이루다 더 내려오면 미얀마, 라오스, 태국 등 3국의 국경이며 마약의 집산지였던 골든 트라이앵글을 거쳐 태국과 라오스의 국경을 따라 흐른다. 이후 라오스로 들어와 루앙프라방을 지나 남으로 흘러 비엔티안 위에서 다시 태국과 라오스와의 국경을 따라 아래로 한참을 흐른다. 라오스 남부에 와서는 캄보디아로 들어가 중앙을 관통하여 지난다. 그리고는 베트남에서 이르러 메콩 삼각주를 지나 남중국해로 들어가 머나먼 여행을 마친다. 이처럼 라오스에서는 메콩강이 1,500㎞에 걸쳐 흐른다.

✦ 사서 하는 고생

사실 루앙프라방에서 태국 치앙마이까지는 비행기로는 1시간이면 갈 수 있는 길인데 3일에 걸쳐 길을 떠난 것이다. 슬로 보트를 타는 새로운 경험도 하고 멋진 경치를 감상하면서 치앙마이로 가자고 주장한 양 팀장은 어젯밤에 잠을 설쳤는지 수시로 졸고 있다. 아마 열흘 이상 이리저리 오가며 여행을 하다 보니 피곤도 한 데다, 잠자리가 수시로 바뀌니 제대로 푹 자지 못해서 그러리라 생각된다.

메콩강을 3시간 정도 거슬러 올라가자 500여 미터에 이르던 강폭이 200여 미터로 좁아진다. 집이 몇 채 보이는 강기슭에 배가 잠깐 멈추더니 현지인 3명을 내려 주고 다시 거슬러 올라간다. 강 양쪽에는 원시림이 우거진 산이다. 저 멀리 산봉우리에는 12시가 다 되어 가는데도 안개가 자욱하다. 현지인 5~6명의 시끄러운 이야기 속에도 배는 쉬지 않고 달린다. 비슷한 풍경이 계속 이어진다. 기온이 20℃를 웃도는 날씨라 그런지 강바람이 시원하다. 배 바닥에서 요가를 하던 서양 여자는 배 마룻바닥에 편안히 누워 책을 읽는다. 대부분 잡담을 하거나 멍하니 산을 쳐다보는데 책을 읽는 모습이 보기 좋다. 여행할 때는 이런 시간에 대비하여 책을 소지할 필요가 있을 것 같다. 내일은 배낭에 노트북을 넣고 가다가 시간이 되면 여행 일지를 정리해야겠다. 핸드폰 메모장에 정리하는 것보다 더 편할 것 같다.

배는 쉬엄쉬엄 가다 승객이 내리는 마을에 도착하면 내려 주고 또 달리기를 반복한다. 날씨가 점점 맑아진다. 조용히 바깥을 보며 아무 생각 없이 앉아 있다. 그냥 이렇게 앉아 있는 것만 해도 행복하다. 강변을 따라 띄엄띄엄 가옥이 한두 채 보인다. 산비탈에 집이 몇 채 보이는 곳에 또 배가 선다. 마을에서는 가족인지 꼬마들이 뛰어서 마중을 나온다. 히잡을 쓰고 화장을 한 채 큰 여행용 가방을 가진 여인도 내린다. 이런 오지에 여자 혼자 여행을 온 것은 아닐 텐데, 어떤 사연이 있고 또 어떤 관계인지 궁금해진다.

이런 궁금증을 남겨둔 채 배는 떠난다. 시골 버스가 도로를 달리며 거쳐 가는 마을마다 정차하여 승객을 내려 주는 것과 비슷하다. 이번에는 조금 가다 강 건너편에 정박하더니 승객을 내려 준다. 강변 기슭 조그만 밭에도 곡식을 심어 놓았다. 손바닥만 한 밭에 농사를 지어 식량으로 하려면 어려움이 많을 것 같다. 또 다른 수입은 소나 닭 등 가축을 길러 얻는 것 같다.

계속 강을 따라 올라가지만, 강폭은 쉽게 좁아지지 않고 비슷하다. 강변과 10여 미터의 거리를 두고 계속 올라간다. 서양 여자의 자녀들인 8살인 여자아이와 9살 먹은 남자 꼬마와 사진을 찍어 본다.

점심 대용으로 구입한 달걀을 모두 현지인에게 준 관계로 점심시간이 되었지만 먹을 것이 없다. 1시가 가까워져 오자 배가 고프다. 컵라면을 사려고 하나 라오스 돈인 킵을 모두 써 버린 관계로 굶어야 할 형편이 되었다. 양 팀장은 또 기지를 발휘하여 배 안의 현지인 여러 명을 대상으로 달러를 겨우 킵으로 바꾸어 라오스 라면을 구입했다. 현지인들과 배 바

닥에 앉아 컵라면을 먹으니 라오스 술을 한 컵 맛보라고 준다. 한 모금
마시니 조금 취한다.

| 선실 바닥에서 현지인들과 컵라면을 먹으며 환담을 하고 있는 모습

　메콩강은 주변 국가와 주민들의 젖줄이다. 교통 통로일 뿐 아니라 주변
의 농지를 비옥하게 하여 주민들을 먹여 살린다. 어제 폭포 여행을 하고
돌아오는 길에 이 계절에도 모심기하는 것을 보았다.
　배는 중간중간 마을에서 주민들을 내려 주는데 마을에 특별히 선착장
이 있는 것은 아니다. 그냥 마을 앞 강변에 배를 대고 내려 준다. 마을이
나 집들은 보이지 않는데, 소 등 가축이 보이고 조그만 밭도 보인다. 아
마 강변에서 좀 떨어진 깊은 산속에 마을이 있는 모양이다. 배는 강변을
따라 꼬불꼬불 올라간다. 강 중앙을 곧게 올라가면 더 빨리 갈 수 있지
만, 강변으로 가면 물살이 세지 않아 덜 울렁거리면서도 더 빨리 갈 수
있는 모양이다. 오후가 되니 안개가 걷히고 햇빛이 비친다. 이쪽 강변에

서 저쪽 강변으로 갈 때 강 중앙을 지나게 되면 배의 울렁거림이 훨씬 심하다. 강변에 있는 이런 마을은 배 이외에는 교통수단이 없을 것이다. 강의 양옆은 높은 산으로 되어 있어 산을 넘어가는 것이 여간 힘들지 않을 것 같다.

2시 50분경 조금 큰 마을에 도착했다. 유람선 비슷한 배도 10여 척 정박해 있다. 우리 배가 정박해 있는 배에 접근하자 배 안에 있던 10여 살 정도 되는 남녀 아이 열댓 명이 배 가까이로 몰려온다. 손에 조그마한 수공예품을 들고 사 달라고 내민다. 까무잡잡한 꼬마들이 내미는 것이 무엇인지 모르지만 불쌍하고 측은해 보인다. 우리와 루앙프라방에서 같이 배를 탔던 라오스 아저씨만 꼬마들에게 몇 개를 사 준다. 아저씨가 돈을 내밀자 아이들이 서로 자기 것을 사 달라며 아저씨 쪽으로 와서 손을 내민다. 모두가 마른 체격으로 보아 형편이 어려운 모양이다. 배는 몇 사람을 내려놓고 금방 떠난다. 배가 떠나자 비록 팔지는 못했지만 잘 가라고 손을 흔든다. 그 마음씨가 정말 고맙다. 그 꼬마들의 조그마한 물건 하나 사 주지 못한 나를 부끄럽게 한다. 내가 몇 개를 사 준다고 해서 그 어린아이에게 얼마나 보탬이 될지는 모르지만 그래도 마음이 많이 아프다. 마음속으로 건강하게 잘 자라 주기를 바라는 기도를 해 본다.

상류 쪽으로 조금 더 올라가니 산속에 도로가 있는지 전봇대와 전깃줄이 보인다. 쉬엄쉬엄 배를 타고 가면서 핸드폰 메모장에 나의 여행 소감을 정리하는 것도 큰 재미다. 우리 일행 5명 각자도 졸거나 말없이 멍하니 밖을 쳐다본다. 3시간 지나자 배에 가득 찼던 승객도 이제 현지인들은 거의 내리고 외국 관광객들만 남아 있다. 처음 탑승 인원의 삼분의 일 정도나 될까.

영어를 조금만 더 잘할 수 있으면 여행하는 데 별 불편함이 없을 것 같다. '여행이 끝나면 영어 공부를 좀 해야지' 하면서도 그만이다. 정말로 좀 더 공부해야겠다는 생각이 든다. 배는 강을 따라 강변으로 계속 거슬러 올라간다. 배가 출발한 지 7시간이 지났다. 9시간 걸린다니 좀 더 가야 할 것이다. 물살은 흐름을 거의 느끼지 못할 정도로 느리다. 이 배는 9시간 정도를 달려서 '팍 벵(Pak beng)'에서 멈출 것이다. 거기서 하룻밤을 지낸 다음 또 9시간 동안 배를 타고 달려야 한다. 그다음 버스를 타고 15시간을 달려가야 치앙마이에 도착할 예정이라고 한다.

✦ 팍 벵에서의 휴식

햇볕이 좌측 머리 부분으로 강하게 비친다. 여행 와서 오랜만에 맞이하는 햇볕이다. 햇볕을 만나니 반갑다. 강변에 띄엄띄엄 소 무리가 한가롭게 누워 있거나 풀을 뜯는 것이 보인다. 마을이나 가옥이 보이지 않는데 주인 없이 그냥 산속에 사는 소일까 하는 생각도 든다. 지금은 건기라서 강물이 제일 적은 시기일 것이다. 우기에 물이 많아지면 나무 위에 쓰레기가 걸려 있는 것으로 보아 거의 10여 미터는 더 강물이 올라가는 모양이다. 지금도 강폭이 200~300미터나 되는데 그러면 엄청날 것이다. 여기의 소는 검은 털을 가진 흑갈색 소다. 배가 올라갈 때는 주로 오른쪽으로 올라간다. 배도 우측통행인 모양이다. 강변 군데군데에 바나나 나무가 산속 나무 사이에 군집으로 몰려 있다. 자생적인 바나나 나무인 모양이다.

오후 6시쯤 되어서 팍 벵에 도착했다. 해가 뉘엿뉘엿 서산으로 넘어가자 어둠의 그림자가 밀려온다. 오늘 여기까지 오는 데 9시간이 좀 더 걸렸다. 이제 절반 온 것이다.

선착장에 도착하자 여러 숙박 업소 종업원들이 자기 숙소에 오라고 호객 행위를 한다. 하룻밤 자는데 방 1개에 9달러란다. 2개에 18달러다. 엄청 저렴하다. 업소에서 나온 트럭을 타고 숙소로 올라갔다. 2층 숙소에 짐을 넣어 두고 1층으로 내려와 식사를 하고 선착장 부근으로 가서 망고

배낭여행은 처음이라서

등 과일을 구입해서 먹은 다음 마사지를 받으러 갔지만 두 사람밖에 여유 좌석이 없어서 여자 두 명만 들여보내고 남자들은 동네를 한 바퀴 돌아보았다. 이 지역은 루앙프라방과 '훼이 싸이(Huay Xay)'와의 중간 지점인 관계로 보트를 타고 이동하는 사람들이 하룻밤 쉬어갈 수 있는 곳이라 숙박 시설과 상점 등도 많은 모양이다. 이런 곳에 숙박할 사람들이 있을까 하는 생각이 들기도 하는데 멋지게 지은 전원주택 단지도 보인다. 마을을 둘러본 다음 마사지 업소 야외 테이블에서 맥주와 요구르트 시켜 마시고 있는데 여자들이 마사지를 마치고 나왔다.

메콩강이 내려다보이는 강변 숙소에서 하루를 묵었다. 좀 더 시간이 지나니 금방 어두워진다. 내일은 8시에 훼이 싸이로 가는 보트를 타서 오늘과 비슷한 거리를 달려가야 한다. 여기서 자동차로 갈 경우는 태국 국경까지는 147㎞로 5시간 정도 소요된다고 한다.

Day 12

사서 하는 고생의 묘미,
보트를 타고 태국 국경으로

✦ 보트 타고 가는 치앙마이, 두 번째 날

6시경 눈이 뜨였다. 밖을 보니 아직도 어둡다. 여기저기서 닭 우는 소리가 들린다.

우리 숙소는 강변 높은 데 있어 강이 훤히 내려다보인다. 포구에는 배가 10여 척 정박해 있다. 포구 앞 강물은 물살이 좀 세다. 누런 황토색 강물이 소용돌이를 치며 내려간다. 이 황토색 물은 수많은 영양분을 포함하고 있어 주변의 농토와 어류에게 많은 자양분이 될 것이다. 이른 시각인데도 포구에 묶여 있던 배 한두 척이 강 위쪽으로 떠나간다. 닭은 아침이 되었으니 일어나라고 계속 울어 댄다. 여기의 강폭은 200m 정도 되어 보인다. 지도를 보니 조금 더 올라가면 메콩강을 건너가는 다리가 있는 것 같다.

숙소에서 간단히 아침 식사를 하고 관광객 16명이 미니버스를 타고 8시에 출발하려고 했지만 시동이 걸리지 않는다. 운전사는 내려서 좀 밀어 달란다. 밀면서 시동을 걸면 걸릴 수도 있다고 한다. 10여 명이 뒤에서 밀자 버스가 움직인다. 움직이는 사이 시동을 켜자 엔진이 걸린다. 선착장까지는 5분 거리다.

배를 잘못 탈 뻔하다

선착장에 도착하니 관광객들이 큰 배낭을 들고 줄줄이 보트에 오른다. 어제와는 다른 보트다. 여기에서 보트를 갈아타고 가는 모양이다. 보트를 좀 늦게 탔더니만 자리가 부족하여 외국인 옆자리에 앉았다. 조금 앉아 있다 이 배가 어디로 가는 배냐고 물었더니 루앙프라방으로 가는 배란다. 우리는 훼이 싸이로 간다고 하니 옆 배를 타야 한단다. 깜짝 놀라 선원에게 배를 잘못 탔다며 배 밑창에 넣어 둔 가방을 꺼내 달라고 했다. 우리 가방 위에 뒤에 온 여행객들의 배낭을 가득 넣어 둔 터라 한참을 뒤져 찾아낸 선원은 투덜거린다. 간신히 옆에 정박한 배로 갈아탔다. 큰일 날 뻔했다. 옆 사람에게 물어보지 않았다면 루앙프라방으로 다시 돌아갔을 것이다. 배를 타면서 확인을 해야 했는데 다른 사람들이 탄다고 무조건 뒤따라 간 것이 잘못이었다. 큰 경험을 했다. 그냥 가만히 있다가 오늘 하루 루앙프라방으로 갔다가 되돌아왔다면 이틀이라는 시간과 경비를 허비했을 것이다.

배는 8시 50분에 출발했다. 예정보다 20분 늦었다. 선착장을 조금 벗어나자 산 중턱 강변이 내려다보이는 곳에 빌라촌이 보인다. 이런 오지에 멋진 빌라촌이 있다니 부럽다. 이곳에서 얼마 동안 살아 보는 것도 좋을 것 같은 생각이 든다. 배는 어제 우리가 타고 왔던 배다. 해가 벌써 떴을 시각인데도 안개가 잔뜩 끼어 있어 보이지 않고 산 중턱 윗부분은 안개가 자욱하다. 시원한 강바람을 맞으며 어제와 같은 속도로 달린다. 배를 타고 하루를 달려서 어제 처음 탔을 때의 감동이 없는지 우리 일행은 모두 조용하다.

| 메콩강변에 있는 멋진 빌라촌

이번 여행을 통해 배낭여행을 어떻게 하는 것인지 실감한다. 우리가 루앙프라방에서 어제 숙박했던 팍 벵까지 오는 배 티켓만 예약했다면 여기서 태국으로 넘어가는 버스를 타고 가면 하루 정도의 시간을 벌 수 있었을 텐데 훼이 싸이까지 가는 배편을 예약한 관계로 하루 더 배를 타고 가야 한다. 이런 교통편이 있다는 것을 몰랐기 때문에 어쩔 수 없는 것이다. 배 안에는 어제 우리와 함께 온 관광객이 많이 보인다.

강변이라 그런지 주변에 안개가 자욱하다. 강변 양쪽으로 도로가 보이는 것으로 보아 어제보다는 덜 오지인 모양이다. 오늘 탄 승객 중에는 아주 얼굴이 검은 지역 주민들도 보인다. 머리칼은 직모인데 얼굴색은 흑인처럼 검다.

배낭여행은 처음이라서

✦ 라오스의 아이들

우리 일행인 순희 씨는 장기간 여행을 많이 다녀 봤다. 그런 경험으로 이번 여행을 오면서 집에 소지하고 있던 액세서리를 많이 가지고 왔다. 여행을 다니다 가난하고 어려운 주민이나 꼬마들에게 선물하기 위해서 다. 배의 앞부분에 현지인 꼬마들이 많이 타고 있자 아이들에게 다가가 귀걸이, 목걸이, 팔찌 등 액세서리를 나누어 준다. 꼬마들은 너무 좋아한 다. 얼마나 많은 액세서리와 소품을 가지고 왔는지 어려워 보이는 아이 들이 있으면 선물을 나누어 주고 지저분한 아이들이 있으며 코도 닦아 준다. 귀걸이를 해 주고는 아이들과의 사진을 찍어 보여 주며 마음에 드 는지, 예쁜지 물어본다. 많은 여행 경험에서 나온 것이지만 마음 씀씀이 가 예쁘다. 아이들도 너무 좋아하고 고마워한다.

우리 배에 탄 라오스 오지 마을 아이들은 티셔츠만 걸치고 바지를 입 지 않고 벌거벗은 채로 다닌다. 입은 옷도 때가 꼬질꼬질하다. 아무런 장 식도 멋 부리는 것도 없다. 집에서 지내던 모습 그대로 외출한 것 같다. 3~4세쯤 되어 보이는 여자아이인데도 셔츠만 하나 걸치고 밑에는 아무것 도 입지 않은 맨살이다. 그 옆의 다른 아이도 5살쯤 되는 여자아이인데 도 치마만 걸치고 팬티도 입지 않은 채로 있다. 배가 중간 마을에 잠깐 정지하자 초등학교 여학생 9명이 탔는데 유행의 첨단을 걷는 옷차림이 다. 찢어진 청바지를 입은 아이도 있다. 외국인 관광객이 절반 이상 탄 배라 수줍어서 그런지 올라오면서 허리를 약간 숙인 채 조심스럽게 들어 와 뒤쪽에 자리를 잡는다. 시골의 순수한 아이들 모습 그대로다.

┃ 우리 배가 마을 선착장으로 접근하자 꼬마들이 자기 물건을 사 달라고 내밀고 있다.

┃ 배가 선착장에 잠깐 들렀다 떠나자 잘 가라고 손을 흔들어 준다. 측은하면서도 고마움을 느꼈다.

배낭여행은 처음이라서

배는 손님이 있으면 마을마다 들러서 태운다. 강변의 아주머니는 큰 짐을 들고 아이 세 명을 데리고 배를 기다린다. 접안 시설이 없어 배를 정박시키기도 어렵다. 젊은 여인이 맨발로 비에 젖은 비탈진 곳으로 큰 짐을 들고 오자, 선원은 배에서 뛰어 내려 나머지 짐과 아이들을 배에 태운다. 7살쯤 되어 보이는 남자아이는 3살쯤 되는 자기 동생을 넓은 끈으로 둘러업고 배를 탄다. 5살쯤 되어 보이는 아이는 형 뒤를 따라서 온다.

아버지는 뭐 하는지 엄마가 세 명의 자녀를 데리고 큰 짐을 들고 배를 타는 것을 보니 형편이 많이 어려워 보인다. 아마 돈을 벌기 위해 일하러 갔으리라 생각된다. 안쓰럽고 측은해 보인다. 나의 어린 시절을 보는 것 같다. 이런 모습을 본 경희는 이들이 불쌍해 보였던지 눈물을 훔친다. 이들은 꾸미고 다듬을 시간과 경제적인 여유도 없을 것이다.

우리의 1960년대도 이런 모습이었다. 내가 초등학교 다닐 때만 해도 배불리 먹지 못했다. 고구마와 감자로 한 끼를 때우기도 했고, 밥의 양을 많게 하려고 무를 썰어 넣고 밥을 짓기도 했다. 솥 밑바닥에 보리쌀을 깔고 윗부분에 쌀을 조금 얹어 밥을 하면 아버지만 쌀밥을 좀 담아 드리고 나머지는 모두 섞어서 그릇에 담는다. 그러면 90%가 보리밥이다. 제사 때나 흰쌀밥을 먹을 수 있었다. 춘궁기가 되어 곡식이 떨어지면 동네 부잣집에서 곡식을 빌려서 먹은 후 추수를 하면 이자를 포함해서 갚는다. 이를 두고 장리쌀이라고 한다. 학교에서는 미국의 원조를 받은 옥수수 빵과 끓인 우유를 먹었는데 그 빵이 그렇게 맛있을 수가 없었다.

이번에는 젊은 아버지가 5살쯤 되어 보이는 아들을 데리고 탄다. 아버지는 슬리퍼를 신었지만, 아들은 맨발이다. 진흙이 묻은 슬리퍼를 강물에 씻어 들고 배를 탄다. 나들이를 그냥 맨발로 다니는 모양이다. 배를 탄 사람들이 자기들보다 생활 수준이 높아서 그런지 수줍은 모습으로 맨 뒤로 간다.

지금의 우리나라는 훌륭한 지도자를 만난 덕분에 급속한 성장을 이루어 단군 이래 처음으로 배고픔을 면했을 뿐 아니라, G20에 포함될 정도로 성장하는 등 한강의 기적을 이룬 것이다. 지도상에 잘 표시도 안 될 정도로 작은 나라가 세계 10대 부국이 되었으며, 은퇴 후 한 달 동안이나 이렇게 자유롭게 배낭여행을 다닐 수 있는 것이다. 우리의 아버지와 형님 세대들에게 감사하고 존경을 표한다. 지금 육십을 넘긴 베이비부머 세대인 우리들도 국가를 발전시키는 그 대열에서 함께 열심히 노력한 일원이며 공로자들이다.

습기를 머금은 강바람을 맞으며 거슬러 올라가니 좀 쌀쌀함을 느낀다. 그저께 저녁 야시장에서 돼지고기와 차가운 맥주를 마셨더니 어제부터 배가 살살 아프면서 설사를 한다. 돼지고기에 찬 맥주가 나에게는 최악이다. 심한 설사가 아니라서 다행이다. 돼지고기와 시원한 맥주를 함께 먹는 것은 삼가야겠다.

세 명의 아이들과 탄 젊은 엄마가 잠시 화장실을 다녀온다고 자리를 비웠다. 그러자 제일 어린 아이는 엄마가 없어서 그런지 소리를 내며 운다. 조금 지나 엄마가 오자 울음을 그친다. 현지인들은 대부분 어린아이들을 데리고 탄다. 아이들을 집에 두고 올 수도 없는 형편인 모양이다. 상류로 올라갈수록 우거진 숲은 보이지 않고 개간한 산과 마을이 강변을 따라 드문드문 이어진다.

광표 씨는 밤에 잠을 잘 자지 못한다. 낮에 맥주를 한잔하고 잠을 잔 관계로 밤에는 잠이 잘 오지 않는 모양이다. 오늘도 뱃전에 기대어 잠들어 있다. 마을 앞 강변에는 조그만 배들이 몇 척씩 정박해 있다. 강폭은 계속 200~300m 정도다. 오늘 우리 배는 어제보다는 조금 적은 50여 명 정도를 태우고 라오스와 태국의 국경 마을인 훼이 싸이로 간다.

배를 탄 현지인 젊은 부모들은 3~4살 먹은 아이들을 데리고 나들이를 한다. 11시 반이 지나자 부모들은 비닐봉지에 담아 온 밥을 지저분한 손으로 주먹밥을 만들어 아이들에게 먹인다. 위생 관념은 전혀 없어 보인다.

1시가 지났다. 이틀째 배를 타고 메콩강을 거슬러 올라가니 이제 새로운 감흥은 없다. 시간이 지나면 도착할 것이다. 그냥 편안한 맘으로 주변의 경치를 보면서 가는 것이다. 컵라면 3개를 사서 나누어 먹었다. 라오스 라면도 먹을 만하다. 조금만 더 가면 태국과의 국경 지역이다. 국경에 도착하면 라오스 돈은 아무 소용이 없을 것이다. 꽤 큰 액수의 금액인데도 남은 돈을 몽땅 가져갔지만 스틱 커피 1개만 준다.

세 아이를 데리고 탄 젊은 여인의 아이 중 1명이 내 옆자리에 앉아 있다. 나무줄기에 포도송이보다 조금 크고 껍질로 둘러싸인 과일인 용안을 주었더니 통째로 가지고 가서 자기 옆자리에 숨겨 두고 먹는다. 누가 달라고 할까 봐 허겁지겁 먹는다. 대부분 현지인은 온갖 것을 만지던 지저분한 손으로 밥을 뭉쳐서 먹는다. 날씨가 개고 햇살이 비친다. 산꼭대기에만 있던 구름도 서서히 걷히는 것 같다.

루앙프라방에서 우리하고 같이 이곳까지 온 서양 여자는 색연필을 가지고 앞쪽으로 가서 어린아이들과 함께 놀이를 하며 논다. 색연필을 하나씩 나누어 주면서 알아듣지도 못하는 영어로 이야기하며 잘 어울린다. 여행을 다닐 때는 될 수 있는 대로 옆 사람과 적극적으로 이야기를 하면서 다니는 것이 좋을 것 같다. 영어에 자신감이 없다고 그냥 가만히 있으면 재미가 없다.

상류로 올라갈수록 산의 경사가 완만하고 농토도 많이 보인다. 강 주변의 농장도 보이고 도로와 전봇대도 보인다. 햇볕이 나서 날이 맑으니 마음마저 밝아지는 것 같다. 까무잡잡한 이곳의 어린아이와 주민들을 보니 내가 얼마나 행복하고 복 많이 받은 사람인지 실감한다.

배는 어제와 마찬가지로 강변 오른쪽을 따라 올라간다. 왼쪽 마을에 손님이 있을 때만 왼쪽으로 갔다가 또 오른쪽 강기슭으로 온다. 강변의 밭에는 바나나 농장도 보인다. 이제 20여 킬로미터만 더 가면 태국 국경에 다다를 것이다. 거기서부터는 메콩강이 태국과 라오스의 국경이 된다. 메콩강을 60㎞ 이상 더 거슬러 올라가면 이 배의 종착 지점인 훼이싸이에 도착할 것이다.

서양 여인이 앞자리에 탄 현지 어린아이들에게 색연필과 과자 등 먹을 것을 챙겨 주자 착한 순희 씨와 경희도 배에서 스낵류의 과자를 여러 봉지 사서 나누어 준다. 아이들은 맛있게 먹는다. 또 조금 지나자 멋지게 생긴 서양 남자가 비눗방울 놀이를 가지고 와서 불어 본다. 아이들이 신기해한다. 그러면서 불어 보라고 하니 처음에는 서툴더니만 이내 잘 불면서 웃음꽃을 피우며 좋아한다. 배의 앞쪽 삼분의 일 부분은 전철 좌석처럼 서로 마주 보게 되어 있으면서 무대처럼 좀 높다. 아이들이 비눗방울 놀이를 잘하면 뒤에 앉은 승객들이 손뼉을 치며 환호한다. 비눗방울 놀이로 배 안의 승객이 하나로 된다. 아이들이 재밌게 노는 모습을 보면서 지겹지 않게 강변을 달린다. 긴 시간을 여행할 때는 먹을 것이나 놀이 기구를 가지고 오면 좋을 것 같다는 생각이 든다. 아이들은 비눗방울 놀이를 하며 동서양을 가리지 않고 함께 어울린다.

❙ 배 앞에서 여행객과 현지 아이들이 비눗방울 불기를 하며 함께 어울린다.

배낭여행은 처음이라서

✦ 배를 타고 가는 이유

루앙프라방에서 치앙마이까지 비행기로는 1시간 거리로, 매일 출발하는데 요금은 160달러다. 그러나 배로 가면 루앙프라방에서 훼이 싸이(팍 벵 경유)까지는 25만 킵(1달러는 8,500킵으로 3만 5천 원 정도)밖에 들지 않지만, 배 타고 가는 데 만 2일이 걸리고, 훼이 싸이에서 또 치앙마이까지는 버스로 5시간 정도 소요된다. 즉, 1시간이면 가는 거리를 우리는 새로운 경험을 하기 위해 2.5일이나 걸려 가는 것이다. 비록 시간은 많이 소요되지만, 더 많은 것을 배우고 느끼는 계기가 되었다. 많은 시간을 허비했다고 생각할 수도 있지만, 더 많은 것을 경험하고 진정한 배낭여행의 진수를 맛보았다고 할 수 있을 것이다.

오늘도 아침 8시 50분에 출발하여 배를 타고 여기까지 달려온 것이다. 태국과 국경을 접하는 메콩강 변에 오자 양국의 차이를 느낀다. 왼쪽의 태국 쪽은 강변에 돌로 호안 공사를 하고 있다. 배는 태국 국경 쪽 강변으로 달린다. 라오스 쪽은 넓은 평야 지대다. 강폭도 엄청나게 넓어졌다. 600~700m 정도다. 조금 더 거슬러 올라가자 양쪽 모두 넓은 평야 지대가 나타난다. 태국 쪽도 저 멀리 아득한 곳까지 넓은 평야가 펼쳐졌다. 메콩강이 양쪽 평야의 젖줄 역할을 하는 것 같다.

보트를 타고 달린 지 7시간을 지나자 양국의 평야 지대를 거쳐 양쪽이 산으로 둘러싸여 그 넓던 강폭이 또 좁아진다. 양쪽으로 도로도 있고 전봇대도 보인다. 도로에는 달리는 차들도 보인다. 저 앞에는 태국으로 건너가는 다리가 보인다. 오늘 저녁에는 훼이 싸이에서 자고 내일 저 다리를 건너 태국으로 갈 것이다. 메콩강 중앙으로 양국의 국경이 나누어져 있다. 그렇다고 배가 강의 중앙을 넘어가면 안 되는 것은 아닌가 보다.

| 이틀 동안 배를 타고 훼이 싸이 선착장에 무사히 도착하자 기뻐하는 일행

✦ 배 여행의 종착지, 훼이 싸이 도착

오늘은 저녁 5시 반경에 훼이 싸이에 도착했다. 참 오랫동안 배를 탄 것이다. 이틀 동안 하루 9시간씩 18시간 동안 배를 탔다. 부두에 도착해서 뚝뚝이를 타라고 권유하는 것을 거절하고 걸어서 주변을 돌아보았다. 19달러에 방 2개를 예약했다. 썩 좋은 방은 아니지만, 하룻밤 지낼 만하다. 방을 잡아 놓고 시내 중심가로 가는 길에 쌀국수집에 들러 식사를 하고 시내로 나갔다. 여행사에 들러 내일 치앙마이로 가는 차편을 알아본 결과 오전에 출발하는 버스표는 좌석이 3자리밖에 없었다. 오후 4시에 출발하는 미니밴을 1인당 14달러에 예약했다. 식사하기 전에 버스표를 확인했으면 가능할 수도 있었는데 이를 간과한 것이 실수였다.

다시 숙소 주변 야외 카페에 와서 맥주와 스무디를 먹으며 내일 일정을 논의했다. 시원한 카페에서 젊은이들과 함께 이국적인 분위기에 젖어본다. 이틀 동안 배를 타고 여행을 했더니만 피곤하다. 그래도 루앙프라방으로 가는 배에 타지 않고 방향을 확인한 후 똑바로 타고 온 것이 큰

배낭여행은 처음이라서

다행이다. 어떤 일을 할 때 매번 확인해 봐야 한다는 것을 깨달았다. 우리 일행들은 내가 옆 사람에게 물어봐서 잘못 탔다는 것을 확인한 후 똑바로 타게 되었다면서 큰 것 한 건 했다고 칭찬해 줬다. 여러 명이 팀을 이루어 여행할 경우 합심해서 어려움을 해결해 나갈 수 있는 장점도 있지만, '내가 아니라도 누군가 하겠지' 하는 주인의식이 부족해지는 단점도 있다.

Part 03

버스로 국경을 넘어,
태국으로

미얀마

타킬렉

매사이
치앙라이

골든 트라이앵글

라오스

훼이 싸이

치앙마이

람푼

람팡

태국

방콕

캄보디아

파타야

Day 13
국경을 넘는 여러 가지 방법

✦ 국경 마을에서 아침 산책

아침에 일어나 동네 한 바퀴를 돌았다. 시골이라 그런지 동네를 둘러보아도 볼 만한 구경거리는 없다. 단지 허름한 사찰만 있을 뿐이다. 아침 식사 후 오늘 태국으로 들어가기 위해서는 1인당 1만 킵이 필요하다고 하여 총 5만 킵 정도가 있어야 할 것 같아 환전을 하기로 했다. 구글 앱을 찾아보니 가까운 곳에 은행이 있어 걸어서 찾아갔다. 100달러를 주면서 50달러를 바꿔 달라고 했더니만 1달러에 8,543킵으로 환전해 준다. 어제저녁에 호텔에서는 라오스 돈인 킵만 받는다고 하여 간이 환전소에 갔더니만 처음에는 1달러에 7,000킵으로 환전해 준다고 했다. 루앙프라방에서 8,500킵으로 환전했다면서 더 올려달라고 하니까 7,500킵까지 해 준다고 하여 마지못해 그렇게 했었다. 그 생각을 하면 은행에 온 게 다행이다. 제대로 환전해 주었다.

식사 후 시간이 많이 남는데 할 일이 없어 뚝뚝이를 1만 킵 주고 빌려 1시간 동안 시내 구경에 나섰다. 운전사는 우리를 재래시장에 내려 주어 땅콩과 그린 망고, 애플 망고, 리치, 용안 등을 샀다. 조그만 시골임에도 상설 시장이 상당히 크게 운영되고 있다. 옷을 비롯하여 온갖 생필품과 고기, 채소, 과일 등 다양하다.

| 라오스 국경 마을인 훼이 싸이에 있는 상당히 큰 상설 시장에서 과일을 구입하는 모습

　이곳은 태국 치앙마이와 라오스 루앙프라방을 오가는 사람이 잠시 머물다 가는 길목이라 외국인들이 많다. 여기 와서 보니 이틀이나 걸리는 우리가 타고 온 슬로 보트 이외에도 하루 만에 갈 수 있는 고속 보트도 있다는 것을 알았다. 시내를 한 바퀴 둘러본 다음 숙소 앞 테이블에 앉아 시장에서 사 온 땅콩과 빵, 과일 등을 먹으며 시간을 보냈다. 외국 여행 와서 이렇게 여유롭고 한가하게 지내기는 처음이다.

　오랜만에 날씨가 맑아 햇살이 비치고 오후 1시가 지나자 덥다. 여행 시작 후 지금까지 흐리고 비가 오는 날이 많아 대부분 좀 춥다고 느꼈는데

배낭여행은 처음이라서

이제야 우리의 여름 날씨와 비슷하다는 것을 느낀다. 큰 길거리 옆 호텔 앞 테이블에 앉아 있으니 오가는 오토바이 소리로 시끄럽다. 12시가 좀 지나자 학생들이 점심을 먹으러 가는지 오토바이를 타고 나온다. 남학생은 대부분 머리를 짧게 깎았고, 여학생은 무릎 밑까지 내려오는 치마를 입고 다닌다. 루앙프라방에서 가이드의 말에 의하면 라오스는 11~1시가 점심시간인데 집에 가서 밥을 먹고 다시 학교에 간다고 한다. 일부 학생들은 점심 먹으러 가서 학교로 안 오기도 한단다. 여자들은 햇살이 비치니 오토바이를 타고 가면서도 양산을 받쳐 들고 간다.

✦ 여행할 때 판단의 중요성

여행하면서 할 일 없이 몇 시간을 보내게 되자 답답함을 느낀다. 숙소 앞 테이블에서 과일과 빵을 먹으며 한참을 보내도 아직도 4시까지는 한 시간 이상 시간이 남았다. 캐리어를 입구에 내놓고 종업원과 함께 TV를 보았다. 알아듣지도 못하는 라오스말로 된 연속극을 보고 있자니 이제 좀 지겨워진다. 4시에 여기서 출발할 경우 치앙마이까지 5시간 정도 걸리면 밤에 도착할 것이다.

이럴 줄 알았으면 오늘 아침 8시 30분에 출발하는 치앙라이행 버스를 타고 가서 거기서 치앙마이로 가는 버스를 갈아타는 것이 훨씬 나을 뻔했다. 판단을 잘못 해서 이렇게 시간을 보내고 있는 것이다. 정보와 순간적인 판단이 중요하다. 모든 것은 시간을 두고 신중히 결정해야 하는데 성급하게 함으로써 실수를 범하게 되었다. 이로 인해 시간과 경비를 손해 보게 된 것이다. 그렇지만 이런 실수를 통해 많은 것을 배웠다.

여행지에 도착하기 전에 그 지역에 대해서 충분히 공부하는 것이 중요하다. 그렇게 함으로써 실수를 줄이고 경비도 절감할 수 있다. 다음 여행부터는 철저히 공부해야겠다는 것을 또 다시 체감한다. 이제 낮 기온이

초여름처럼 느껴진다. 가만히 그늘에 있어도 더울 정도의 날씨다. 낮 최고 기온이 28℃다. 이 정도면 우리나라 여름 날씨다. 서울과는 25℃ 이상 차이가 난다. 시간이 많이 지난 것 같지만 오늘이 14일이니 여행 13일 차다. 이제 절반 정도 지났다. 애초 베트남, 라오스, 태국, 미얀마 등 4개국을 여행하기로 했으니 이제 2개국을 마치고 나머지 2개국이 남은 상태다. 앞으로의 여행도 잘 마무리되기를 바란다.

✦ 출국부터 입국까지 30분

오후 4시가 되자 뚝뚝이가 호텔로 픽업하러 왔다. 20분 정도 달려 운전사가 국경 부근의 출입국관리소에 내려 주면서 출국하는 방법을 안내해 준다. 이제까지는 비행기를 타고 다른 나라로 출입국했는데 걸어서 이웃 나라로 출국하는 것은 처음이다. 여권과 함께 입국 시 작성한 출국 신고서와 1만 킵을 창구에 제출하니 간단히 쓱 훑어보고는 도장을 쾅쾅 찍어 준다. 짐 검사도 없어 여행용 가방을 그냥 소지한 채 나가면 끝이다. 너무 간단하다. 출국 게이트를 나가니 환전소도 있다. 지금까지 소지한 라오스 화폐가 있으면 여기서 환전을 하면 되는데 우리는 모두 처리해 버렸기 때문에 환전할 돈이 없다. 10분도 걸리지 않아 출국 절차를 마무리한 것이다. 운전사가 출국 게이트를 지나 버스 타는 데까지 안내해 주었다. 출입국 관리사무소 건물을 빠져나오자 바로 버스가 기다리고 있다. 이 버스는 라오스와 태국 출입국 관리사무소 간을 운행하는 버스인 모양이다. 버스에 캐리어를 싣고 메콩강에 놓인 다리를 건너 태국으로 넘어갔다.

메콩강 다리를 건너 조금 달리자 태국 출입국관리사무소 앞에 버스가 정차한다. 건물 안으로 들어가 입국 신고서를 작성하는데 직원이 와서 샘플을 보여 주면서 친절하게 안내를 해 준다. 주변 나라보다 선진국이라

배낭여행은 처음이라서

역시 다르다는 생각이 들어 태국에 대한 이미지가 좋아졌다. 고맙다. 태국 입국 심사도 간단히 끝났다. 입국 신고서에 관광이라고 게재하니까 전혀 문제로 삼지 않는다. 숙소는 치앙마이의 적당한 호텔 이름을 적었다. 라오스에서 산 음료수와 과일 등도 그냥 비닐봉지에 넣어 들고 갔는데도 아무런 지적이나 제지가 없다. 라오스 출국과 태국 입국에 30분 정도 걸리는 것 같다. 라오스 출국 심사를 마친 다음 버스를 타고 메콩강 다리를 건너 태국 입국장까지 온 다음 입국 신고서를 쓰고 나오는 데까지 걸리는 시간이다.

태국 입국장에서 여권에 도장을 찍어 주는 직원이 우리가 한국에서 단체로 왔다고 하니까 더 친절히 대해 준다. 뿌듯하고 자랑스럽다. 비록 우리 일행 5명이 함께 해 낸 것이지만 육로를 통해 이웃 나라로 넘어간 것이다. 항공편으로 출입국하는 것보다 훨씬 간단하고 편하다. 짐에 대한 검사가 없으니 그런 모양이다.

육로로 걸어서 출입국을 하니까 항공권이 없어 티켓 검사가 없는 데다 짐 검사도 하지 않는다. 그냥 여권 검사만 한다. 입국 신고서를 작성하고 여권에 통관 도장을 찍는 데까지 5분밖에 걸리지 않는다. 출국장을 나와서 주위를 두리번거리며 살펴보니 저 앞에 미니밴이 보인다. 우리가 타고 갈 자동차인 것 같아서 물어보니 타라고 한다. 어제 여행사에서 이야기한 것처럼 10여 명이 탈 수 있는 미니밴이 기다리고 있다. 라오스 여행사에서 티켓팅하고 관련 비용을 지급했는데도 태국까지 다 통하는 모양이다.

✦ 치앙라이를 향해 달리는 미니밴

외국인 4명과 함께 자동차를 타고 출국장을 나와 조금 지나자 검문소에서 경찰이 차 창문을 통해 내부를 들여다보더니 가라고 한다. 석양을 맞으며 치앙마이로 달린다. 새로운 경험이 하나하나 쌓여 간다. 좋은 경험이다. 태국은 운전사가 차량 오른쪽에 있다. 영국 식민지의 영향으로 그런 모양이다. 국경 지역을 달린다. 라오스보다 부자 나라이다 보니 도로 정비가 잘 되어 있다. 중앙분리대가 꽃으로 조성된 4차선의 도로가 쭉 뻗어 있다. 미니밴은 어떠한 지체나 방해 없이 잘 달린다.

기분이 좋다. 아무런 어려움 없이 출국과 입국을 하게 된 것도 있지만 깨끗한 도로를 시원스럽게 달리니 상쾌하다. 태양은 지평선 저 멀리 보이는 야트막한 산으로 넘어가려 한다. 광활한 평야 일부에는 모내기를 한 곳도 보인다. 이런 넓은 국토와 농토가 있다는 것이 부럽다.

┃차창 밖 저 멀리 지평선으로 넘어가는 석양을 바라보며 치앙마이로 달린다.

6시가 지나니 어둠이 스멀스멀 밀려든다. 도로 상태가 중간에 보수한 자국 하나 없이 깨끗하다. 6시 30분이 되니 완전히 어두워졌다. 6시 50분경 치앙라이에 도착해서 도로변에서 인도인 2명을 내려 주고 다시 달

배낭여행은 처음이라서

린다. 애초 치앙라이도 관광하려고 하였으나 특별한 관광지가 없어 치앙마이로 곧장 가기로 했다. 치앙라이에서 치앙마이 간 도로 상태도 아주 좋다. 시골길이라 그런지 신호등도 별로 없어 거의 쉬지 않고 달린다.

처음 한국에서 출발할 때는 감기 기운이 좀 있었는데 며칠 지나자 나도 모르게 몸 상태가 좋아졌다. 두 시간쯤 달려 휴게소에서 15분 정도 쉰 다음 고속도로는 아니지만 잘 정비된 도로를 달렸다. 앞으로 치앙마이까지는 2시간 20분 정도를 더 달려야 한단다. 그러면 치앙라이에서 치앙마이까지는 4시간 30분 정도 걸리는 거리다.

베트남이나 라오스에서는 현대 차나 기아 차가 많이 보였다. 베트남 하노이의 택시는 대부분이 현대 i30이다. 그런데 아직은 잘 모르지만 여기서는 우리나라 차를 찾아볼 수가 없다.

컴컴한 어둠을 뚫고 산길은 아니지만 조금 꼬불꼬불한 시골길을 달린다. 100㎞ 이상의 속력으로 앞 차를 추월하기 위해 중앙선을 넘나들며 달린다. 조금 더 지나니 꼬불꼬불한 산길이 나온다. 그래도 우리 차는 속력을 줄이지 않고 이차선의 길을 잘도 달린다. 중간에 소도시 몇 곳 지났다. 그런데 특이한 것은 신호등이나 횡단보도가 거의 없다는 것이다. 소도시를 지날 때 길 양옆에 각각 마을이 있는데도 횡단보도가 없다. 그러면 그냥 무단 횡단하라는 것인가. 이해가 잘 안 된다. 중간의 30분 정도는 도로 공사를 하는 관계로 꼬불꼬불하고 털털거리는 산길을 지났다. 차량이나 오토바이의 클랙슨 소리가 들리지 않는다.

✦ 늦은 밤에 도착한 치앙마이

밤 10시에 치앙마이 터미널에 도착했다. 주변에 게스트하우스가 많다. 여행용 가방을 끌고 몇 군데를 들러 보아도 유명한 관광지라서 그런지 빈 방이 없단다. 빈 방이 없다고 문 앞에 게시한 게스트하우스도 있고 어떤 곳은 방이 하나밖에 없는 곳도 있다. 여러 군데를 돌아다니다 마침 방이 있다고 하여서 들어가 보니 조건이 괜찮은데 가격도 방 1개에 550 바트란다. 19,800원이다. 대단히 저렴한데 남자 세 명이 자는 방은 싱글 침대가 3개 있다. 그동안 남자 3명인데 더블 침대만 2개가 있어 한 침대에서는 두 명의 남자가 자야 하는 불편이 있었는데 참 다행이다.

짐을 방에 넣어 두고 11시가 넘은 시각에 간단히 요기라도 하기 위해 길거리로 나갔다. 관광객들이 거리의 노점에서 음식과 술을 마시는 모습이 많이 보인다. 우리도 여러 군데를 다녀보았지만 마땅한 곳이 없어 길거리에 포장마차같이 생긴 곳에서 해물 쌀국수를 먹고 맥주와 간단한 안주를 사서 숙소에 들어왔다. 한잔하며 내일 일정을 논의하는 등 담소를 나누었다.

✦ 순희 씨에게 날아온 소식

그런데 갑자기 순희 씨가 어머니가 편찮아서 모레 오후 비행기로 귀국해야 한다고 한다. 여행 첫날 만날 때도 어머니가 편찮아서 병원에 입원을 시키고 왔다는 이야기를 했었다. 그러면서 "여행 기간 동안 잘 계셔야 할 텐데" 하며 걱정을 했었는데 10여 일이 지났는데도 퇴원을 못 하고 계신 데다 일주일에 세 번씩 투석해야 한단다. 오빠와 언니도 있지만 입원해 계시는 기간이 길어지니 귀국했으면 좋겠다는 가족들의 요구가 있는 데다 귀국 항공권까지 끊어 보내왔단다. 함께 여행을 마무리 못 해 매우 아쉽고 섭섭했지만 어쩔 수가 없는 형편이다. 이야기하다 보니 맥주가 떨어져 12시가 넘은 시각에 가게에 들렀더니 12시가 넘으면 술을 못 팔게 되어 있다며 판매를 하지 않는단다. 새벽 1시가 넘은 시각까지 여러 가지 이야기를 나누다 잠자리에 들었다.

Day 14

태국 제2의 수도, 치앙마이

✦ 아침의 협상

8시경 어제 구입한 빵과 과일로 아침을 먹고 9시 30분경 길거리로 나왔다. 람푼과 람팡으로 가는 송태우를 타기 위해 가격 협상을 했다. 타고 가다 다시 이야기를 해 보니까 처음 얘기한 금액과 달라 중간에 내렸다. 기사와 의사소통이 잘못된 모양이다. 다시 버스 터미널로 가서 다른 송태우와 협상하여 람푼과 람팡을 2천 밧에 가기로 협상하고 10시에 출발했다. 송태우는 외부가 대부분 빨간색으로 되어 있는데 우리나라의 1톤 트럭보다 작은 트럭에 덮개를 씌워 양쪽으로 길게 앉도록 만든 택시다.

치앙마이는 태국의 제2 수도로 불리는 도시로 풍부한 문화유산과 화려한 축제 및 다른 곳에서는 찾아보기 힘든 수공예품과 독특한 음식들이 여행자들을 유혹하는 곳이다. 또한, 치앙마이는 태국 북부 지방의 중심 도시로 농업과 수공예 같은 전통 산업이 발달했고 치앙라이, 매홍손, 람푼, 람팡 같은 도시로 갈 수 있는 거점이다. 방콕 북부 터미널에서 10시간 정도 소요된다.

✦ 람푼과 람팡 구경

람푼은 치앙마이 남쪽 25㎞ 지점에 있는 몽족이 왕국을 세운 역사적인 황금 불탑이 있다. 11세기에 세워진 하리푼차이 후기 양식의 결작이다. 람팡은 치앙마이 남동쪽으로 90㎞ 떨어져 있다. 왕강 북쪽 강변에 티크재로 지은 청초한 고가옥이 옛 모습이 그대로 남아 있다. 하리푼차이 왕국 시대 건설된 도시다.

　운전기사는 송태우를 타고 가다 자기 집에 들러 스타렉스 승합차로 갈아타란다. 송태우를 타고는 지방으로 갈 수 없으므로 이렇게 배려한 모양이다. 고맙다. 얼음은 구입하여 아이스박스에 채우고 우리가 슈퍼에서 산 맥주를 넣어 두라고 한다. 우리나라는 영하의 날씨로 추울 텐데 여기서는 차량에 에어컨을 켜고 다녀야 한다.

　시 외곽으로 나오자 도로 확장 공사를 하느라 한창이다. 시내를 조금만 벗어나도 농촌의 아름다운 풍경이 펼쳐진다. 가로수로 몇백 년은 됐음직한 거대한 나무들이 도로 양쪽에 우거져 있다. 12시에 람푼에 도착하여 왓 프라탓 하리푼차이 사원에 들어서자 황금색 탑이 황홀한 자태를 뽐낸다. 대단하다. 46m 높이의 황금색 탑은 햇빛을 받아 눈이 부시다. 탑 꼭대기에는 6,500g의 금으로 만든 9겹의 우산이 달려 있다고 한다. 매년 음력 6월 보름에 큰 행사가 열린단다. 시민들은 합장을 한 채 탑 주위를

ǀ 왓 프라탓 하리푼차이 사원에 있는 황금색 탑

돌면서 네 귀퉁이에 있는 종을 치며 기도를 한다. 우리도 신발을 벗고 탑을 돌면서 눈부신 모습에 도취했다. 탑 주변에는 여러 모양의 작은 사원이 즐비하다. 시민들은 꽃을 들거나 흰 천을 받치면서 기도를 한다. 반소매 티셔츠를 입고 있어도 덥다. 그늘을 찾아다닌다. 자동차로 와서 아이스박스에 넣어둔 맥주를 마셨다. 너무 맛있다. 최고 온도가 29°C다.

1시간 정도 관광을 마치고 람팡으로 향했다. 양쪽에 커다란 가로수가 우거진 쭉 곧은 왕복 4차선 도로를 시원하게 달린다. 이렇게 여유롭게 다니는 여행에 우리 일행 모두 만족한다. 더운 날씨에 맥주를 마셨더니 취기가 확 오른다. 2시가 좀 지나서 람팡의 왓 프라닷 람팡 루앙 사원에 도착했다. 조금 전에 본 람푼 사원과 규모와 형태가 비슷하다. 황금색의 불탑으로 11세기에 세워진 하리푼차이 후기 양식의 걸작이다.

ㅣ 왓 프라닷 람팡 루앙 사원에 있는 탑

국가 고위층 인사가 불공을 드리러 방문하는지 경찰들이 대테러 탐지 장비를 소지한 채 주변에 대비하고 있다. 고위층 인사가 곧 도착한다고 하여 이들이 도착하는 장면을 구경하기 위해 한참을 기다렸다. 귀빈을 맞이하기 위해 천막 아래에 많은 주민이 의자에 앉아 노래 연습을 하는 등 준비를 하고 있다. 이런 모습을 보자 과거 학교 다닐 적에 큰 행사가 있을 때 학생들이 동원됐던 것이 생각난다. 조만간 온다던 고위인사가 오랫동안 기다려도 오지 않아 되돌아 왔다. 사원 내부를 관람한다고 돌아다녔더니 등에 땀이 흐르고 덥다.

오는 길에 4시 반쯤 코끼리 농장에 들르려 했으나 개장 시간이 지나 관람을 할 수 없다고 한다. 다시 차를 타고 오다가 승합차 기사가 길가에 있는 큰 재래시장에 차를 세워 준다. 도로변에 있는 시장이지만 들어가 보니 엄청나게 큰 시장이다. 각종 채소와 물고기, 식료품과 먹을 수 있는 모든 것이 있는 것 같다. 한참을 구경하며 좀 쉬다 다시 출발했다. 순수하게 생긴 운전기사는 친절하다. 우리가 관람하느라 늦어져 오랫동안 기다려도 불평이 없다. 운전할 때 핸드폰 통화하는 나쁜 버릇은 있지만, 전반적으로 마음에 들어서 내일 하루 더 일일 투어를 부탁했다. 가격은 오늘보다 200밧이 할인된 1,800밧에 하기로 했다. 성실히 일하면 다 알아주는 것이다.

✦ 하루의 끝, 야시장 구경

6시경 우리 숙소 인근에 있는 여행사에 들러 내일 관광할 곳을 알아보았다. 다양한 코스의 관광지가 있다. 대강 마음속으로 어디로 갈 것인가를 생각해 둔 후 야시장으로 가 보았다. 야시장에서는 큰 음악을 틀어 놓고 관광객들을 유혹하고 있다. 주변으로는 각종 음식과 안주류와 옷 및 액세서리 등을 판매하고 있고 그 중간에는 의자에 앉아 음식을 먹을 수 있도록 테이블을 설치해 놓았다. 아직 이른 시각이라 손님들은 많지 않

배낭여행은 처음이라서

았다. 우리는 돌아다니며 맥주를 사고 안주할 것으로 구운 돼지고기와 닭볶음, 문어 다리, 튀김 등을 구입하여 맥주를 마셨다. 음악을 크게 틀어 놓고 손님들을 불러 모으지만, 무대에 가수들이 나와서 직접 노래를 부르지는 않는다. 우리는 맥주를 마시며 가수들이 출연하여 노래 부르는 것을 구경하려고 기다리다 지쳐서 8시경 집으로 발길을 돌렸다.

| 치앙마이 야시장에서 각종 음식과 맥주를 마시며 즐기는 관광객

맥주를 몇 병 더 사서 숙소로 와 야외 테이블에 앉아 마시며 내일 일정을 협의했다. 순희 씨는 어머니 병간호 문제로 내일 먼저 가야 하므로 코끼리 트래킹과 롱넥 민속촌 등을 관광하고 공항까지 마중한 후 치앙라이로 가서 미얀마로 들어가기로 대강의 일정을 정했다. 공항에 가서는 미얀마로 가는 비행기 표를, 여행사에 가서는 미얀마로 가는 버스 편을 알아보기로 했다.

양 팀장과 광표 씨는 마사지하러 가고 나와 나머지는 방으로 돌아왔다. 그동안 계속 입었던 바지와 내의, 양말을 세탁했다. 마사지하러 간 두 사람은 12시가 넘었는데도 아직 들어오지를 않는다.

Day 15

치앙마이 돌아보기,
코끼리 캠프와 왓 프라탓도이수텝

✦ 커피 한 잔에 파이 한 조각

날씨가 맑다. 아침에 일어나니 햇살이 환하게 비친다. 기분이 상쾌하다. 가을의 선선한 바람 같다.

숙소 앞 가게에서 파이를 굽고 있는데 코코넛 파이가 1개에 7밧이란다. 8개를 사서 커피와 함께 아침 식사를 했다. 7밧은 210원이다. 엄청 저렴하다. 커피는 숙소에서 서비스로 준다. 다른 숙소보다는 서비스가 좋다.

✦ 차를 타고 관광지로

기사는 약속대로 9시에 도착했다. 자동차를 타고 조금 가다 잠깐 세우고 기사와 함께 오늘 관광할 곳과 관광 순서를 정했다. 오늘은 푸이산, 도이스텝, 코끼리 농장을 관람하고 시내로 돌아와 사원을 관람하기로 했다. 자동차를 타고 조금 가자 은행이 있어 환전하러 들어가서 번호표를 뽑으니 외국인이라며 먼저 오라고 한다. 태국의 대표 은행인 방콕 은행이라 그런지 환경도 깨끗하고 직원들도 친절하다. 카드를 제시하여 돈을 찾은 후 태국 화폐로 바꾸고 가지고 있던 원화도 태국 밧으로 환전했다.

조금 달리다 드라이버는 주유소에 붙어 있는 슈퍼마켓에 들러 생수를 산다. 그러고는 얼음을 채운 아이스박스에 넣어 두면서 필요할 때 먹으라고 한다. 고맙다. 주유소의 경유가 1ℓ에 25밧이다. 750원이다. 우리나라와 비교하면 상당히 저렴하다. 외곽으로 나가는 차가 많아서 그런지 정체가 심하다. 편도 3차선 도로인데 걸어가는 정도의 속도로 엉금엉금 기어간다. 태국의 유명 관광지라 그런지 외국인들도 많다.

우리 운전사는 이어폰을 끼고 누군가와 계속 통화를 한다. 그러다가는 또 혼자 콧노래를 부른다. 성격이 아주 낙천적이고 쾌활하다. 한 시간 정도 지체를 겪다 시원하게 잘 달린다. 태국에는 상대적으로 후진국인 미얀마 사람들이 일하러 온 경우가 많단다. 특히 치앙마이는 미얀마와 국경이 가까운 관계로 3D 업종 분야에 일하러 온 사람들이 많다고 한다. 오늘은 미얀마 유명 인사의 방문 행사가 있는 탓에 미얀마에서 일하러 온 사람들이 엄청나게 몰려들어서 차량 정체가 그토록 심한 것이었다.

✦ 매사 코끼리 캠프

정체 구간을 지나자 꼬불꼬불한 숲속 길을 달린다. 매사 코끼리 캠프(MAESA ELEPHANT CAMP)에 11시에 도착하여 천천히 둘러보았다. 입장료는 250밧이다. 코끼리 먹이인 바나나를 사서 코끼리에게 주기도 했다.

농장 여기저기에는 코끼리 우리가 있는데 그곳의 코끼리는 모두 발 하나를 쇠사슬로 묶어 놓았다. 풀어 놓으면 관람객에게 피해를 줄 수도 있으니 어쩔 수 없기도 하겠지만 불쌍하다는 생각이 든다. 어미 코끼리는 바나나를 주면 통째로 먹는데 새끼 코끼리는 껍질을 까서 먹는다. 코끼리 쇼도 보고 코끼리를 타 보려고 했으나 점심시간이라 쉬는 관계로 타 보지 못해서 많이 아쉬웠다. 시간에 따라 요금이 다르지만 15분 동안 두 사람이 타는데 800밧이다. 덩치가 큰 코끼리지만 두 사람을 태우고 언덕 길을 올라가기가 쉽지 않을 것처럼 보인다. 여기에 와서는 코끼리 쇼를 보고 코끼리를 타고 한 바퀴 돌아보는 것이 주목적인데 우리는 다른 일정이 있어 그러지 못하고 그냥 코끼리캠프를 한 바퀴 돌아보고 나왔다. 코끼리 캠프는 오전 7시에 개장하여 8시와 9시 30분 및 오후 1시 30분 등 하루에 3번 쇼를 하며, 오후 3시 30분에 폐장한단다.

Ⅰ 오른쪽 앞발이 쇠사슬에 묶인 채 우리에 갇혀 있는 코끼리

Ⅰ 코끼리에게 바나나를 주는 모습

배낭여행은 처음이라서

구름 한 점 없는 파란 하늘과 푸른 들판은 보고만 있어도 힐링이 된다. 시원한 바람을 쐬며 시골길을 달리니 기분이 상쾌하다. 잠깐 주유소에 들러 화장실 볼일을 봤다. 12인승 승합차에 5명이 타고 가니 편안하다.

베트남과 달리 차량보다 오토바이가 많지 않은 데다 클랙슨을 거의 울리지 않는다. 느긋한 국민성과 불교에서 오는 자비 정신 등으로 인해 그런 것인가? 여기도 경유가 1ℓ에 26밧이다. 우리 화폐로 780원 정도다.

✦ 왓 프라탓도이수텝

꼬불꼬불한 산길을 1시간 30분 정도 올라가니 해발 1,000m의 수텝산에 있는 왓 프라탓도이수텝에 도착했다. 300여 개의 계단을 올라갔으나 경사가 별로 급하지 않아 힘들지 않았다. 황금색의 화려한 불탑을 약한 시간에 걸쳐 관람하였다. 탑이 산 중턱에 있어 치앙마이 비행장과 시내가 훤하게 보인다. 많은 관람객으로 붐빈다. 사찰 내부를 들어갈 때는 신발을 벗고 들어가야 하며, 반바지 입은 사람은 비치된 옷으로 갈아입고 들어가야 한다. 사찰에 들어가기 전에 소변을 보려고 입구 옆에 아주 허름하고 지저분한 화장실에 들렀는데 그곳에서도 화장실 입장료를 받고 있다. 동남아 지역에서는 화장실에 들어갈 때는 대부분 비용을 지불해야 한다. 그에 비하면 우리 공공시설이나 고속도로 휴게소의 화장실은 엄청나게 깨끗한 데다 규모도 크고 또 무료다. 우리나라가 자랑스럽다.

사원 관람을 마치고 내려와 자동차를 타고 산 위쪽으로 올라가다 운전사에게 좋은 식당 있으면 안내해 달라고 했더니 숲속에 전망 좋은 레스토랑으로 데려다주었다. 3시 반이 지난 시각이라 그런지 식당에는 손님이 거의 없어 조용하다. 쌀국수를 시켰다. 엄청나게 굵은 아름드리나무들이 우거진 산속에 있는 식당에서 해물이 들어간 쌀국수를 먹는 맛이 환상적이다. 여행 와서 쌀국수를 오래 먹으니 이제 특유의 향도 익숙해져 잘 먹고 매콤한 음식에 중독이 된 것 같다. 땀이 쫙 난다.

| 왼쪽: 왓 프라탓도이수텝 사원 입구에 서 있는 일행. 그 뒤로 300여 개의 계단이 보인다.
오른쪽: 왓 프라탓도이수텝 사원에 있는 황금탑

배낭여행은 처음이라서

✦ 몽족 마을

식사를 마치고 뿌이산 기슭의 몽족 마을을 찾아가기 위해 차량 두 대가 겨우 비켜갈 수 있는 꼬불꼬불하고 울퉁불퉁한 산길을 한참 올라가다 다시 내리막길을 기어가다시피 하여 겨우 지나갔다. 울창한 나무 사이로 난 길의 상태는 좋지 않아도 방문객이 많은지 차량 통행이 빈번하다. 좁은 주차장에 차량이 많아 주차하기가 쉽지 않다.

마을 입구로 들어가자 길 양쪽으로 가게가 쭉 늘어서 있다. 태국 정부에서 여름 별궁을 건설할 때 수템산에 흩어져 살던 산악 민족을 한곳으로 모아 고랭지 채소를 재배시킬 목적으로 깊숙한 산골에 살 곳을 마련해 줬다고 한다. 원주민들이 직접 만든 물건이나 수예품, 공예품, 과일 등을 주로 판매하거나 식당을 운영하고 있다. 마땅히 구매할 만한 물건이 없다.

가게를 한 바퀴 둘러보고 전망이 좋은 카페가 있다는 팻말이 있어 마을 위쪽으로 올라갔더니 동네가 훤히 내려다보이는 멋진 카페가 자리 잡고 있다. 따뜻한 햇볕을 받으며 전망이 확 트인 데크에 앉아 커피를 마시니 더 이상 부러울 것이 없다. 마을 꼭대기 카페에서 원시림으로 둘러싸인 마을과 우리의 가을 하늘처럼 구름 한 점 없는 파란 하늘과 녹슨 지붕으로 된 집들이 옹기종기 모여 있는 모습이 너무나 평화스러워 마음을 안정시켜 준다. 이런 곳에 있는 게스트하우스에서 한동안 머무르다 갔으면 좋겠다는 생각이 든다. 분위기에 취해 좀 더 머물고 싶은데 일행은 벌써 쉬엄쉬엄 내려간다.

ㅣ마을이 훤히 내려다보이는 전망 좋은 곳에 자리 잡은 카페와 게스트하우스

✛ 여행 친구와의 이별

6시가 되니 벌써 해가 지고 어둠의 그림자가 마을을 감싼다. 우리를 태운 차는 이제 공항으로 향한다. 일행 중 한 명인 순희 씨가 어머니의 병환으로 귀국해야 하기 때문이다. 내려오는 길에 치앙마이 대학 내부를 통과하여 지나왔다. 상당히 큰 캠퍼스라는 것이 느껴졌다. 우리는 치앙마이 대학 뒷문으로 들어가서 정문으로 나왔다. 그러면서 비공식적이지만 치앙마이 대학을 졸업했다는 등의 농담을 하는 사이 7시경 공항에 도착했다. 순희 씨를 전송하기 위해 내렸다.

우리는 공항 안으로 들어가 환송을 하려 했으나 치앙마이 공항은 일반인들은 내부로 들어갈 수 없게 되어 있어 바깥에서 순희 씨가 입국장으로 들어가는 모습을 볼 수밖에 없었다. 들어가는 뒷모습을 보니 쓸쓸하다. 순희 씨도 뒤를 돌아보면 더 아쉬울 것 같아 그런지 눈길 한번 주지 않고 그냥 입국 심사대 쪽으로 들어가 버린다. 열흘 이상 참 재미있게 지냈는데 갑자기 헤어진다니 매우 섭섭하다. 특히 동갑내기 친구 광표 씨는 더 아쉬워한다.

배낭여행은 처음이라서

| 순희 씨와 헤어지기 전 일행 다섯 명이 촬영한 다정스러운 모습

✦ 다섯에서 넷으로

시내로 나와 분위기 있고 괜찮은 레스토랑에 도착하여 쌀국수가 아닌 좀 더 값비싼 음식을 시켰다. 네 명이 그동안 주로 먹던 쌀국수 대신 이름은 잘 모르지만 괜찮고 품위 있어 보이는 음식과 맥주를 시켜 맛있게 먹었는데, 가격이 2만 5천 원 정도밖에 되지 않았다. 가격이 저렴하여 참 매력적이다. 오는 길에 파파야, 멜론, 아보카도와 같은 과일을 사서 숙소 정원 테이블에서 맥주와 함께 맛있게 먹으며 낭만을 즐겼다.

내일은 시외버스 터미널로 가서 버스를 타고 치앙라이로 이동하여 거기에서 관광하기로 했다. 치앙라이에서 며칠 관광을 하다 육로로 미얀마로 넘어갈 예정이다. 이제 육로를 통해서 국경을 이동하는 것도 지난번 라오스에서 태국으로 들어올 때 한번 해 보았기 때문에 별로 걱정이 없다.

순희 씨가 귀국하는 관계로 저녁부터 경희가 총무를 맡기로 했다. 경희는 태국 돈 2,200밧과 미화 25달러와 동전 얼마를 인수했다. 지금까지 각자 700달러를 갹출했지만, 비용이 더 필요하여 태국 돈 3천 밧을 더 내기로 했다. 나는 ATM에서 6천 밧을 인출했지만, 수수료는 별로 들지 않았다.

순희 씨가 귀국하면서 나는 짐을 챙겨 경희가 있는 방으로 옮겼다. 오늘 저녁부터 경희와 같은 방을 사용하게 된 것이다. 양 팀장과 광표 씨 둘이서만 이제 한 방을 쓰게 되었다. 그동안 대부분 더블 침대가 두 개가 있는 방이라 남자 3명이 한 방에서 자야 하는 불편함이 있었으나 이제 그런 불편을 덜게 되었다. 양 팀장과 광표 씨는 우리 부부가 합방하게 되어 좋겠다며 놀린다.

이제 우리의 배낭여행도 서서히 본 궤도에 올라 재밌고 별 불편함 없이 잘 지낸다. 우리의 즐거운 배낭여행은 내일도 계속될 것이다.

배낭여행은 처음이라서

Day 16

치앙마이에서 치앙라이로

✦ 체크아웃

어제 아침 숙소 앞집 가게에서 사서 먹은 코코넛 파이를 오늘도 커피와 함께 먹으려고 했으나 아직 문을 열지 않았다. 주인아주머니에게 이야기 했더니 가게 주인이 병원에 가게 되어 파이를 팔지 않는다고 한다. 그러다 조금 지나 다시 알아봤더니 구입할 수 있다고 하여 6개를 주문했다. 어제 만들어 놓아 식은 것이다. 비록 금방 만든 것은 아니지만 따뜻한 커피와 함께 맛있게 아침 식사를 했다. 식사 후 3일 밤을 지낸 숙소에 어제 2천 밧을 지급했기 때문에 하루 치 숙박비 1천 밧과 파이 값 42밧을 지급한 다음 잘 쉬다 간다며 고맙다는 인사를 하고 도로변으로 나와 송태우를 타고 버스 터미널에 갔다. 200밧 달라는 것을 깎아 150밧 주었다.

✦ 번역 앱과 우연한 만남

창구에서 승차권을 사려고 했으나 금방 출발하는 것은 매진되고 11시 30분에 출발하는 버스표밖에 없다고 한다. 미리 예약을 하지 않아 많은 시간을 허비하게 된 것이 안타깝다. 창구 여직원이 어디서 왔느냐고 물어 한국에서 왔다고 하니 컴퓨터의 한국어-태국어 번역 앱을 연다. 대단한 서비스다. 앱 덕분에 의사소통이 잘 되어 쉽게 표를 구입했다. 이곳은 외국 여행객들이 많다 보니 각국의 언어로 번역할 수 있는 시스템을 구축해 놓은 모양이다. 다음부터는 미리 예약해야겠다는 생각을 하면서 1

인당 190밧을 주고 표를 샀다.

표 구매한다고 줄을 서 있는데 어떤 한국 여자가 경희를 툭 친다. 아들 규연이의 고등학교 친구인 석철이 엄마란다. 부부가 2개월 동안 동남아 여행 중으로 태국 치앙마이에 와 있다는 이야기를 카톡을 통해 듣기는 했는데 버스 터미널 승차권 발급 창구 앞에서 만나다니. 참 대단한 인연이다. 그 친구 부부와 우리 일행은 악수를 한 후 여행 이야기를 한동안 하다 헤어졌다.

| 치앙마이 터미널에서 우연히 만난 아들 친구 석철이의 부모님과 함께

치앙라이까지는 3시간 30분 소요된단다. 표를 구입하고 나자 2시간 정도 시간이 남아 250밧 주고 송태우를 빌려 1시간 동안 시내 구경을 했다. 구시가지 주변을 쭉 돌아보았다. 구시가지는 오래된 도시인 관계로 많이 허물어지기는 했지만, 부분적으로 성곽이 보이고 성곽을 따라 폭이

10여 미터 정도인 물이 흐르는 해자[1]가 설치되어 있다. 대부분 가옥은 단층 슬레이트나 함석지붕으로 되어 있으며, 가게마다 외국 관광객들로 북적인다. 관광 수입이 대단히 많을 것 같다는 생각이 든다.

오래된 낡은 송태우를 타고 시내를 돌아다녀 보니 매연이 심하다. 가속 페달을 밟으면 시커먼 연기가 확확 뿜어져 나온다. 뒤를 따라오는 사람들은 마스크를 쓰지 않으면 건강에 아주 해로울 것 같다. 쉬지 않고 1시간 시내를 돌아다니 10시 반에 다시 터미널로 돌아와서도 시간이 남아 바로 옆 건물의 옥상으로 올라가 좀 쉬다가 다시 터미널로 돌아와 버스를 타고 가는 도중에 먹을 간식을 샀다.

✦ 치앙라이행 버스

버스는 우리나라의 45인승 일반 버스와 비슷하다. 승객을 가득 채운 다음 출발 시각보다 조금 늦게 시동을 걸었다. 삼분의 일은 관광객이고 나머지는 현지 주민이다. 버스는 60㎞ 정도의 일정한 속력으로 달린다. 왕복 2차선 또는 4차선 도로를 차량이 많지 않음에도 천천히 여유롭게 달린다. 우리가 보기에는 좀 답답하고 느리다 할 정도의 속도다. 앞차가 천천히 가더라도 추월도 하지 않고 그 뒤를 그냥 따라간다.

며칠 전에 훼이 싸이에서 밤길을 달려 치앙라이를 거쳐 치앙마이로 왔었는데 그때는 어두워 주변 경치를 구경하지 못했다. 오늘 낮에 다시 가며 비로소 풍경을 보게 됐다. 원시림으로 우거진 야트막한 산길을 꾸불꾸불 수많은 굽이를 돌아 달린다. 도중에 높은 곳은 낮추고 굽은 곳은 펴는 도로 공사를 하고 있어 30분 이상 지체되었다.

2시간쯤 달린 후 정류장에서 한 번 쉬었다. 태국은 어디를 가나 대부분 화장실에서 3밧 정도의 요금을 받는다. 베트남과 라오스도 요금을 받

---

1) 적의 침입을 방지하기 위해 성 주위에 둘러 판 못.

는 경우가 많다. 우리나라의 휴게소 화장실에 비하면 시설도 낡은 데다 좌변기도 설치하지 않고 쪼그리고 앉아 볼일을 봐야 하는 곳도 많다. 이에 비하면 우리나라 휴게소 화장실은 깨끗하고 무료인 데다 핸드 드라이어까지 있는 세계 최고의 시설이다.

치앙마이에서 치앙라이까지는 대부분이 꼬불꼬불한 산길이다. 높지는 않지만, 산을 넘어가는 탓에 도로가 굽어 있다. 중간의 몇 군데의 도시와 또 달리는 도중에 손님이 있으면 정차하는 완행버스다. 산이 야트막하여 저 멀리까지의 경치를 볼 수 있다. 또 태국의 길거리 중요한 곳에는 황금색의 액자에 왕의 사진을 넣어 세워 놓았다. 왕이 존경의 대상인 모양이다.

우리 버스는 거의 4시간을 달려 치앙라이 제2터미널을 거쳐, 3시 반에 치앙라이 제1터미널에 도착했다. 제2터미널에서 제1터미널까지는 8㎞로, 15분 정도 소요되었다.

✦ 발품을 팔아 얻은 숙소

치앙라이 제1터미널에 도착한 다음 숙소를 찾기 위해 터미널 주변을 돌아다녔다. 주변에 게스트하우스가 많이 있지만, 대부분은 빈 방이 없단다. 한참을 찾아다니다 경희가 인터넷을 통해 찾은 게스트하우스로 가기 위해 길을 건너서 가 보았지만 빈 방이 1개밖에 없거나 예약이 꽉 찬 상태다. 거의 1시간 반을 이리저리 찾아다니다 방 하나에 700밧 하는 방 2개를 구했는데 정원도 있고 시설이 좋은 데다 아침 식사까지 제공하는 것이었다. 많이 돌아다니며 찾은 보람이 있었다. 지금까지의 숙소 중 가장 시설이 좋고 가격도 그리 비싸지 않아 기분이 좋다.

배낭여행은 처음이라서

✦ 치앙라이에 온 이유

오는 도중에 간식은 좀 먹었지만, 게스트하우스를 구하느라 돌아다닌데다 아침을 파이 하나와 커피 한 잔으로 먹어 배가 고프고 지쳐서 가까운 곳에 있는 식당으로 가서 쌀국수를 먹었다. 식사를 맛있게 하고 허기를 채운 다음 게스트하우스 주인이 가르쳐 준 야시장과 꽃 박람회장을 찾아갔다. 가는 도중에 내일 관광할 곳을 알아보기 위해 여행사를 방문하여 확인해 본 결과 입장료를 제외하고 교통수단과 여행사 수고비로 3,000밧을 달라고 한다. 그래서 가까이 있는 터미널로 가서 송태우 기사를 직접 만났다. 협상한 결과, 2,000밧 달라는 것을 1,500밧을 주기로 하고 내일 아침 8시에 우리 숙소로 와서 픽업하기로 했다. 송태우가 낡아 좀 피곤할 수도 있을 것 같지만 싼 맛에 계약하였다.

우리가 치앙라이로 온 것은 주변의 관광지를 구경하려는 것도 있지만 매사이를 통해 육로로 미얀마에 갈 수 있다는 이야기를 듣고 온 것인데, 여기 여행사에 들어가 문의해 보니 잠깐 국경을 넘어 미얀마를 둘러볼 수는 있어도 육로로 국경을 넘어 미얀마로 갈 수가 없다고 한다. 육로를 통해 미얀마로 가기 위해 어렵게 여기까지 왔는데 안 된다는 이야기를 들으니 아주 황당하다. 일단 내일 주변을 관광한 후 또 일정을 협의해 보기로 했다.

야시장을 둘러보았으나 특별한 것은 없고 관광객들만 북적거린다. 규모는 별로 크지 않은데 관광객이 많아 발 디딜 틈이 없을 정도다. 꽃 축제하는 곳을 찾아가 봤다. 공원을 꽃으로 단장을 한 다음 주변에 각종 음식과 음료수와 과일 등을 판매하는 매장을 만들어 놓고 무대 위에서는 가수를 초청하여 노래를 부르거나 민속 공연을 하고 있다. 점심을 늦게 먹은 탓에 목이 말라 시원한 음료수를 사서 마시며 공연을 보았다. 지역 주민들이 나와 민속춤을 추는데 좀 유치할 정도의 수준이다.

ㅣ 지역 축제의 일환으로 주민들이 출연하여 민속춤을 공연하는 모습

　오늘 많이 걸은 관계로 피곤하여 마사지를 받기로 하고 들어갔다. 비용은 1인당 1시간 반에 300밧이다. 피곤한 탓인지 마사지를 받는 동안 코를 심하게 골아 마사지하는 종업원들이 막 웃었단다. 마사지는 그동안 받은 것 중에 가장 잘하는 것 같다. 시원했다.

　마사지를 마치고 숙소로 돌아오자 11시 반이 되었다. 내일은 8시에 송태우가 픽업하러 오기로 하여 7시에 일어나 아침을 먹고 준비를 해야 한다. 미얀마 여행과 관련하여 서로 의견이 엇갈린다. 시간 관계상 가지 않는 것이 좋을 것 같다는 의견과 여행 일정을 좀 더 늘려 처음 계획처럼 다녀오자는 의견이 있는데 이견을 조율해야겠다.

배낭여행은 처음이라서

롱넥 마을과 화이트 템플, 그리고 녹차밭

✦ 치앙라이 원데이 투어

6시 반부터 아침 식사가 된다고 하여 정원 야외 테이블에 나가니 빵과 음료수와 바나나 등을 준비해 놓았다. 식빵을 토스트기에 넣고 구워 버터를 발라 커피와 함께 먹었다. 자기 취향대로 먹으면 된다. 종업원은 부족한 것만 더 채워 준다. 풍족하지는 않지만, 그런대로 괜찮다.

우리는 어제 송태우를 하루 빌리면서 화이트 템플, 롱넥 마을, 녹차밭, 몽키 케이브, 골든 트라이앵글 등 우리가 가고 싶은 곳을 지정해 주면 가기로 하고 하루에 1,500밧을 주기로 했다. 운전사와 8시에 만나기로 했는데 아침 7시 30분쯤 숙소로 찾아왔다. 믿음이 간다. 커피 한잔을 하며 기다린다. 덩치가 큰 데 비해 순박해 보인다.

아침 식사를 마치고 짐을 챙겨 관광을 떠나기에 앞서 숙소가 깨끗하고 마음에 들어 오늘 하루 더 머물겠다고 하자 빈 방이 없어 안 된다고 한다. 당연히 가능할 줄 알았는데 낭패다. 어제저녁에 미리 이야기를 했어야 했는데 너무 방심한 것이 실수였다. 여기 있는 게스트하우스는 인터넷에 등록이 되어 있어 예약이 많이 되는 것 같다. 할 수 없어 여행용 가방과 배낭을 숙소에 맡겨 두고 오늘이 주말인 관계로 저녁이 되면 예약이 어려울 것 같아 어제저녁에 봐 두었던 게스트하우스를 찾아가 확인해 보니 가능하다고 했다. 방 2개에 900밧인데 예약금으로 400밧을 내야 한단다. 숙소를 예약하고 관광을 떠났다.

✦ 화이트 템플

8시 20분쯤 숙소를 출발하여 화이트 템플까지는 20분 정도 걸렸다. 입장료로 1인당 200밧을 냈다. 아침 이른 시각인데도 엄청난 관광객이 벌써 와 있다. 관광객이 많이 찾는 곳이라서 그런지 사찰 내부 등 주변 관리가 잘 되어 있다. 화이트 템플은 지금까지 보아 왔던 사찰하고는 전혀 다른 모습이다. 건물의 기와와 벽면 등 모든 부분이 은백색으로 되어 있으며, 벽면이 도자기 등으로 장식이 되어 있는 특이한 모습이다. 햇빛을 받아 눈부시게 빛을 반사하여 환상적인 분위기를 자아낸다. 특히 신발을 벗고 들어가야 하는 메인 법당에는 세 명의 부처가 앉아 있고 그 앞에 앉아 있는 스님은 꼭 살아 있는 것처럼 만들어져 있다. 머리칼이나 살갗에 노란 솜털까지 나 있어 스님이 실제로 앉아 있는 것 같은 착각을 일으킬 만하다.

마음이 차분해진다. 다만 일부분은 사진을 촬영할 수가 없게 되어 있다. 현지어와 영어로 설명이 되어 있어 잘 이해할 수 없는 것이 좀 아쉬웠다. 아름답고 환상적인 사찰의 모습을 글로 다 표현할 수가 없어 안타깝다. 1시간 정도 관람하고 롱넥 마을로 향했다.

| 화이트 템플의
멋진 은빛 사원

배낭여행은 처음이라서

20년도 더 된 것 같은 송태우는 오르막이나 과속을 할 때는 덜덜거리면서도 잘 달린다. 그러나 매연을 엄청나게 내뿜는다. 덩치가 큰 운전자가 옴짝달싹하지 못할 정도로 좁은 운전석에 앉아 있는 모습이 우스꽝스럽다. 우리나라의 다마스와 같은 트럭인데 뒷부분에 사람이 마주보고 앉을 수 있도록 양쪽으로 좌석을 만들어 놓았다.

광표 씨는 운전석 옆에 앉아서 무슨 이야기를 하는지 재밌어 보인다. 손짓해 가며 말하는데 소통이 잘 되는 것 같다. 70~80㎞ 정도의 속도로 달린다. 달릴 때 뒷좌석에서는 이야기도 할 수 없을 정도로 시끄럽다. 도시가 깨끗하다. 유럽 같은 분위기를 풍긴다.

✦ 롱넥 마을

롱넥 마을은 큰길로 가다 동네로 들어가 비포장도로를 1시간 정도 달리자 나타난다. 대나무와 야자수 및 바나나 나무 등으로 둘러싸인 곳에 마을이 형성되어 있다. 입장료가 1인당 300밧이다. 마을을 운영하고 유지·보수하는 데 사용하는 모양이다. 나뭇잎 등으로 만든 집에 각종 민속품을 판매하는 가게가 있다. 산속에 있는 자연 부락이다. 목각이나 종, 실로 짠 작은 가방 등을 판매한다. 별로 살 만한 물건은 보이지 않는다. 대부분 관광객은 그냥 둘러본다.

자연 부락과 민속품을 판매하는 마을을 지나자 마지막 부분에 긴 링을 목에 건 여인들이 베틀에 앉아 직물을 짜면서 자기들이 만든 각종 옷과 머플러 그리고 민예품 등을 판매한다. 나이 많은 여자들도 있지만 15~16세 되는 소녀들도 있고, 심지어 5~6세 되는 아이들도 롱넥을 하고 있다. 롱넥뿐 아니라 다리에도 놋쇠로 된 링을 끼고 있다. 입구에 들어갈 때 여자들이 끼고 있는 롱넥이 있어 무게를 달아보니 2.5㎏이나 된다. 이 무거운 것을 목에 걸고 평생을 살아간다고 생각하니 불쌍하고 측은한 생각이 든다. 롱넥을 한 여성들이 목에 거는 고리는 6세부터 3년마다 총 여섯 번을 갈아 끼워 주는데 그 이후에는 평생 벗지 않는다고 한다.

태국 초등학생들이 견학을 왔는지 단체로 관람을 한다. 나이도 어린 여자들이 자기가 직접 만든 물건을 판매하기 위해 간절한 눈초리로 쳐다보는 것이 너무 애처로웠다. 입장료를 내서 그런지 같이 사진 찍는 것에 대한 거부감 같은 것이 없으며, 옆에 와서 사진을 찍으라고 권유하기도 한다. 무릎 밑 다리에도 롱넥 모양처럼 생긴 고리를 끼고 있어 종아리가 통통하다. 다리에 끼는 것은 처음 본다.

❘ 롱넥 마을 입구 저울. 위에 링을 얹어 놓아 무게를 알아볼 수 있게 해 놓았다.

❘ 목과 다리에 링을 한 채 직물을 짜고 있는 소녀

배낭여행은 처음이라서

1시간 정도 둘러보고 식사 시간이 되어 운전사에게 식당으로 데려달라고 하니 호숫가에 있는 멋진 곳으로 안내를 해 준다. 주변 경관이 아주 아름답다. 아직 개업한 지 얼마 되지 않은 식당이지만 꽤 괜찮게 꾸며 놓았다. 메뉴판은 태국말로 되어 있어 고르기가 쉽지 않다. 실수하지 않기 위해서는 누들이 제일 안성맞춤이다. 처음 먹어 보는 음식이지만 맛있다. 누들과 맥주로 허기와 목마름을 해소했다. 조금 더운 날씨에 마시는 맥주 한잔은 꿀맛이다. 1시간 정도 여유롭게 식사를 하며 즐기다 12시 반경에 다음 장소로 출발했다. 운전사 포함하여 5명이 맥주와 식사를 한 총 비용이 570밧이다. 17,000원 정도니 얼마나 저렴하고 좋은가?

지금까지 다닌 여행지 중에 일부는 정보가 많지 않은 데다, 성급하게 결정하다 보니 실수가 잦았다. 루앙프라방에서 치앙마이까지 비행기로 1시간 거리를 이틀 동안 보트를 타고 메콩강을 거슬러 온 것이나, 치앙라이를 두 번 들른 것 등이다. 시간상으로 손해를 많이 본 것 같지만 이런 기회가 아니면 몰랐을 더 중요한 것을 보고 경험하는 계기가 되었다.

✦ 녹차밭과 원숭이 농장

식사를 마친 다음 운전사는 녹차밭으로 안내해 준다. 오는 도중에 검문소를 거쳤다. 태국 북쪽인 미얀마 국경 쪽으로 오니 그런 모양이다. 한국에서 왔다고 하니 반갑게 인사를 한다. '심심하다'라는 말도 안다. 큰 녹차밭이라고 하는데 나는 보성 녹차밭이나 제주도 오설록을 이미 구경한 터라 별로 크다는 것이 실감 나지 않는다. 그래도 이 지방에 오면 꼭 들르는 관광지인 모양이다. 전망대 쪽으로 가니 녹차밭 전경이 훤히 내려다보인다. 햇볕이 강하여 30℃는 될 정도로 덥다. 대강 둘러보았다. 제주도 오설록이나 보성 녹차밭보다 규모가 작고 관리도 그렇게 잘 되어 있지는 않다.

그다음 원숭이 농장으로 갔다. 산
밑에 있는 넓은 사찰인데 원숭이들이
100여 마리도 더 되어 보인다. 관람객
도 많이 있다. 바나나나 땅콩을 주면
달려와서 맛있게 먹거나 먹이를 갖고
나무 위로 올라간다. 사찰에 대문이
나 울타리도 없는데 자연스럽게 돌아
다니면서 도망가지 않고 내부에서 모
여 사는 것이 특이하다. 구입한 바나
나를 원숭이에게 주며 한참을 구경하
다 나왔다.

Ⅰ 원숭이 농장에서 먹이를 주는 장면

Ⅰ 넓게 펼쳐진 녹차밭 풍경

배낭여행은 처음이라서

✦ 햇살 뜨거운 오후, 골든 트라이앵글로

차는 계속 북쪽으로 달렸다. 1월 중순인데 벼를 심어 놓은 곳도 보인
다. 서울은 영하의 날씨일 텐데 더워서 양산을 쓰고 다녀야 할 정도다.
여행하기는 아주 적절하다. 우리나라에 비해 도로의 신호등이 많지 않은
것이 특이하다. 길 양옆으로 마을이 있는데도 신호등이 없다. 길을 건너
려면 도로를 무단 횡단할 수밖에 없을 것이다. 걸어 다니는 사람은 별로
없다. 대부분 이동수단이 자동차나 오토바이다. 그래서 횡단보도가 없
는 모양이다.

한낮의 햇볕은 강하지만 기온은 초가을 날씨 정도로 시원하다. 도로를
달리는 대부분의 자동차는 일본산이다. 혼다, 미쓰비시, 토요타, 이스즈
그리고 가끔 미국의 포드 차 등이 보이지만 한국 자동차는 거의 보이지
않는다. 잘 포장되고 쭉 곧은길을 덜덜덜 하는 2기통 오토바이처럼 시끄
러운 소리를 내며 쉬지 않고 달린다. 4차선의 한적한 도로다. 갈림길이
있는 곳에만 가끔 신호등이 있다.

매일 계속되는 여행으로 피곤한지 차량 이동 중에는 대부분 졸고 있
다. 들판의 논은 아직 빈 땅으로 있다. 우리가 탄 조그만 구식 스즈키 송
태우는 시끄러운 소리를 지르며 오르막길을 힘겹게 올라간다.

1시간 정도를 달려 3시 30분에 골든 트라이앵글 지역에 도착했다. 태
국과 라오스와 미얀마 세 나라 국경 사이를 강이 흐른다. 과거에 마약 생
산과 유통으로 유명한 곳이라서 그런지 아직도 거리와 상가에는 관광객
들로 붐비고, 큰 사찰과 조형물들이 태국의 국력을 말해 주는 것 같다.
출입국관리소도 있다. 강변 높은 곳에 서서 세 나라를 내려다본다. 메콩
강 바로 건너편은 라오스다. 거기에도 큰 사찰이 보인다. 미얀마 국경 사
이에는 좀 더 작은 루악(Ruak)강이 흐르지만 삼각주 끝부분이라 사람이
살지 않는 것처럼 보인다.

우리가 골든 트라이앵글까지 온 것은 육로를 통해 미얀마로 갈 수 있는 지를 알아보기 위해서다. 주변에 있는 여행사와 출입국 관리소와 관광 경찰에게 태국 매사이에서 미얀마로 갈 수 있는지, 그리고 다시 돌아올 수 있는지 문의한 결과 가능하다고 한다. 불가능하다는 이야기를 많이 들어온 터라 갈 수 있다는 이야기를 들으니 안심이 된다. 희망이 솟는다. 매사이에서 미얀마로 갈 수 있다니 너무 반갑다. 그렇지 않으면 태국에 계속 남는 팀과 원래 계획대로 미얀마로 가는 팀으로 나누어질 수도 있었는데 모두 같이 여행을 할 수 있다니 너무 다행스럽다.

4시 50분 다시 치앙라이를 향해 출발했다. 오는 도중에 서양인 남녀가 오토바이를 타고 우리 뒤를 따라오기에 손을 흔들어 보이자 우리를 보고 사진을 찍는다. 우리도 오토바이를 타고 뒤따라오는 커플의 사진을 찍었다. 서양인들을 보면 참 대단하다는 생각이 든다. 여자가 오토바이를 운전하고 그 뒤에 타고 있는 남자는 큰 카메라를 들고 우리의 모습을 촬영한다.

❘ 매콩강변의 골든 트라이앵글 지역임을 알리는 간판을 배경으로 기념 촬영

배낭여행은 처음이라서

✦ 치앙라이의 마지막 저녁

　2시간 정도 걸려 6시 40분에 숙소에 도착해서 짐을 찾아 식사하고 내일도 아침 8시에 송태우 기사와 만나 매사이까지 같이 가기로 하고 수고비로 900밧을 주기로 했다. 저녁은 어제와 같은 식당에서 했는데 광표 씨와 식당 주인은 서로 마음이 통할 뿐 아니라, 의사소통이 잘 된다며 농담 반 진담 반 재밌게 이야기를 한다. 그러면서 조만간 개인적으로 한 번 더 들르겠다고 한다. 현실성이 있는지는 알 수 없다.

　식사하고 숙소에 짐을 들여놓은 다음 마사지를 했다. 비용은 1인당 200밧이다. 여행 경비가 부족하여 1인당 3,000밧을 냈다.

Part 04

아내와 단 둘이,
미얀마로

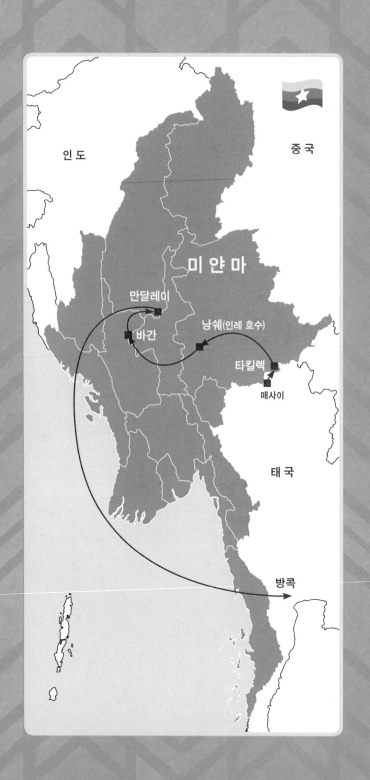

Day 18

미얀마로 가느냐 마느냐,
그것이 문제로다

✦ 태국에서 미얀마로, 국경 넘기

어제 우리와 함께한 운전사를 8시에 숙소에서 만나기로 했는데 7시 반에 도착했다. 그런데 자기는 다른 일이 있어 오늘 동행할 수가 없어 동생을 데리고 왔다며 소개한다. 그런데 동생이라는 사람이 나이가 더 들어 보인다. 어제보다 가격이 저렴하니 나이든 동료 운전사를 데리고 온 모양이다. 할 수 없는 일이다. 어제와 같이 호텔에서 제공하는 빵과 바나나와 커피 등으로 아침 식사를 하고 육로를 통해 미얀마로 국경을 넘어가기 위해 8시경 매사이로 출발했다.

미얀마로 가기로 했지만, 지도도 없고 미얀마 관광 안내 책도 가져오지 않은 상태에서 인터넷 정보와 경희 친구의 이야기만 듣고 간다는 것은 어찌 보면 너무 무모한 행동인 것 같다는 생각이 든다. 그냥 가기로 마음먹었으니까 간다는 식이다. 미얀마 관련 책자는 순희 씨가 도서관에서 빌려와 연구했었는데 한국에서 올 때 가져오지 않았다고 한다. 아무 연구도 없이 인레 호수와 바간과 만달레이만 관광한다는 계획만 있을 뿐이다. 매사이는 방콕에서 출발한 1번 국도의 마지막 종착지다. 아침 이른 시각에 달리니 차량이 밀리지 않아서 1시간 20분 만에 도착했다.

| 태국 매사이 국경 마을. 도로 끝부분에 미얀마로 건너가는 검문소가 있다.

　매사이 시가지에 도착하자 도로변에 상점이 즐비하다. 국경 도시라는 분위기가 풍긴다. 어제 세관과 관광 경찰 등 두 군데를 통해 국경을 통과하는 데 문제가 없는지 확인한 후 왔지만 정말 괜찮은지 알아보기 위해 짐을 송태우에 두고 양 팀장과 둘이서 태국 국경 심사대에 갔다. 미얀마에 들어가 관광을 한 후 태국으로 다시 오는 것과 국경을 통과하여 미얀마로 가는 것 모두 문제가 없는지 물어보니 문제가 없다고 한다. 그래서 짐을 찾아 송태우 기사와 헤어지면서 우리가 국경에 있는 심사대를 통과하지 못하면 다시 돌아와서 당신과 함께 치앙라이로 돌아가야 하니까 1시간만 여기서 기다리다가 아무 연락이 없으면 가라고 하니 그러겠다고 한다.

　태국 국경 심사 게이트에 가서 여권을 제출하자 지난번 입국할 때 출국 신고서를 작성한 것을 여권에 붙여 놓아서 그런지 아무 문제없다며 도장을 쾅쾅 찍어 준다. 상당히 어려울 것으로 생각했는데 너무 쉽게 그것도 한국말을 섞어 가며 우호적으로 통과시켜 주어 기분이 좋았다. 태국 심사대를 통과한 후 폭이 좁은 루악강에 놓인 다리를 걸어서 건너 미얀마 검문소로 갔다. 강 중앙을 지나 미얀마 검문소에 도착하여 한국에서 왔다니까 반갑게 맞아 준다. 여기서도 아무 문제없이 도장을 찍어 준다. 쉽게 국경을 넘어간다는 생각을 하고 앞으로 가는데 미얀마 경찰 검문소에서 우리를 부른다. 사무실로 들어갔더니 여권을 보자고 한다. 한국 여권을 보더니만 우호적으로 이야기하면서 가라고 한다. 우리는 경찰 사무실에서 여행용 가방을 열고 미얀마 유심으로 갈아 끼웠는데 잘 되지를 않는다. 경찰들은 우리가 짐을 풀고 유심을 끼워 넣는 장면을 아주 신기하게 지켜본다.

'상당히 어렵지 않겠나?' 그리고 '과연 통과할 수 있을까?' 하는 걱정을 하고 국경에 도착하여 미얀마로 건너가는 것을 시도했는데 생각보다 어려움도 없이 건너가자 안심이 된다. 양국 국경을 통과하는 데 40분 정도 걸렸다. 국경을 통과하여 다리 끝 부분에 있는 상가 쪽으로 나오자 송태우 운전사들이 따라오면서 어디를 가느냐고 묻는다. 이들을 뿌리치고 국경 입구 유심을 판매하는 상점에 들어가 갈아 끼우면서 주인에게 여기에서 인레 호수로 가는 버스를 탈 수 있느냐고 물으니 갈 수 없다고 한다. 총 쏘는 흉내를 내면서 위험할 뿐 아니라 오직 비행기로만 가능하단다. 우리는 지금까지 경비를 절감하기 위해 어렵게 국경을 넘어왔는데 버스로 가는 것이 불가능하다고 하니 황당하다.

| 미얀마 국경 입구 상점에서 유심을 갈아 끼우며 인레 호수로 가는 방법을 문의하는 일행

　유심을 갈아 끼우기 위해 국경 입구 상점 앞에 서 있는데 행색이 남루한 동자승들이 시주하라고 한다. 라오스 루앙프라방에서 새벽에 탁발하는 스님들의 행렬을 보고 스님들을 존경스럽게 봐 왔는데 신발도 신지 않고 남루한 복장의 스님이 길거리를 돌아다니며 구걸을 하는 것을 보니 스님에 대해 전혀 다른 인식을 갖게 하는 한편 인접국인 태국에 비해 경제 사정이 훨씬 더 열악하다는 것이 실감 난다. 장애인과 구걸하는 걸인도 많이 보이고 송태우를 운전하는 기사도 얼굴이 거의 흑인과 다름없을 정도로 검고 날카로운 인상을 하고 있다. 다리 하나를 건너온 것뿐인데 인종과 모든 분위기가 확연히 다르게 느껴진다. 허름한 복장을 한 송태우 기사들이 어디로 가느냐며 따라다니며 물어보기도 한다. 일거리가 없으니 송태우 기사들이 한곳에 모여 있다가 관광객이 보이면 서로 자기 송태우에 태우려고 따라다니며 강요하다시피 한다.

　유심 가게 주인이 이야기하는 것을 믿을 수가 없어 버스 터미널에 가

　　　　　　　　　　　　　배낭여행은 처음이라서

서 확인해 보기 위해 송태우를 타고 버스 터미널을 찾아갔는데 10여 분 후에 도착한 곳은 겨우 버스가 한 대 정차해 있는 길거리였다. 우리는 널찍하게 만들어진 터미널에 여러 곳으로 떠나는 버스 노선이 많은 터미널을 상상했는데 전혀 딴 형편이다. 다시 확인할 방법이 없다. 여러 상황을 종합해 볼 때 버스 노선이 있더라도 제일 가까운 인레 호수까지 가려면 구글 지도에서 찾아보니 15시간 이상 소요될 것으로 보인다. 또 가는 도로가 산악 지역인 데다 사격하는 자세를 취하면서 버스로는 어렵다고 이야기한 유심 가게 주인 등 주변의 이야기를 종합할 때 버스로 가는 것은 곤란하다고 판단되어 항공편으로 가기 위해 가까이 있는 비행장을 찾아갔다.

✦ 선택의 기로에 서다

동남아 전문가인 사위에게 카톡 전화를 해서 미얀마로 관광을 가도 괜찮은지를 물어봤더니, 미얀마 산간 지방은 아직 반군이 활동하고 있어 불안할 수 있다며 주변에 외국 관광객이 있는 곳이면 괜찮다고 이야기를 하면서도 조심하라고 한다.

송태우를 타고 10여 분 정도 가서 도착한 비행장은 시골의 작고 허름한 공항이다. 취항하는 항공사도 4개 항공사밖에 없는 데다 항공편도 하루에 몇 편밖에 없는 모양이다. 오늘 인레 호수로 가는 비행 편은 없고 내일 오후 4시 비행기만 있단다. 우리 일행에게 이런 이야기를 했더니만 광표 씨는 자기는 미얀마로 가지 않고 다시 태국으로 돌아가겠다고 이야기한다. 양 팀장도 미얀마가 불안하고 구경할 것이 없다며 되돌아가자고 한다. 나는 처음부터 동남아 4개국을 여행하기로 하고 출발한 일정인 데다, 비행기로 가면 육로로 갔을 때의 불안정을 해소할 수 있다며 설득했지만, 미얀마로 가면 태국도 제대로 관광할 수 없다며 미얀마는 다음에

단체 여행 때 가고 이번에는 태국이라도 충실히 관광하자고 한다. 미얀마가 불안하다고 하니 많이 걱정되는 모양이다. 그렇게 여러 번 확인하고 어렵게 미얀마로 건너왔는데 다시 되돌아가자니 황당하고 어이가 없다. "뭐, 사정이 바뀌면 애초의 계획을 변경할 수도 있지 않으냐"라고 하면서 되돌아가겠다고 하니 어쩔 수가 없다.

지금까지 4명이 함께 다니다가 경희와 둘이서만 위험하다고 하는 미얀마를 관광한다고 생각하니 불안감이 없지 않지만 되돌아가는 것은 자존심이 허락하지 않는다. 33년간을 공무원으로 근무한 사람으로서 가다가 어떤 어려움이 있더라도 꼭 해결하고 떳떳하게 이번 여행을 마무리하고야 말겠다는 각오를 해 본다. 그러나 겉으로 드러내 보이지는 않았지만 일말의 불안감은 없지 않다. 할 수 없어 우리 둘만 250달러를 주고 내일 4시에 인레 호수가 있는 헤호로 출발하는 항공권을 예약했다.

우리는 다시 송태우를 타고 중심지인 국경 지역으로 발길을 돌렸다. 경희는 송태우를 타고 오는 동안 아무 말 없이 모자를 푹 눌러 쓰고 있지만, 눈시울이 붉어지는 것 같다. 다함께 여행을 출발했다가 순희 씨가 사정이 있어 먼저 귀국한 데다, 또 일행 중 두 명은 국경을 넘어왔다가 다시 태국으로 되돌아간다고 하자 우리 부부만으로 처음 시도해 보는 해외 배낭여행이라 불안하기도 하고 일행과 헤어짐에 대한 섭섭함도 있는 등 착잡한 심정이 들기 때문일 것이다. 가만히 경희 손을 잡아 준다. 그래도 남편이라고 신뢰하고 묵묵히 따라 준 데 대한 고마운 마음과 내가 옆에 있으니 걱정하지 말라는 믿음을 주기 위해서다. 되돌아가겠다고 하는 나머지 일행에 대해 서운한 감정이 밀려온다.

긴장을 한 데다 우리 부부 단독으로 해외에서 배낭여행을 무사히 마칠 수 있을까 하는 불안함으로 입술이 말라 입에서 단내가 난다. 국경 주변으로 다시 나와 점심을 먹기 위해 식당을 찾아보았으나 잘 보이지 않는다. 워낙 낙후된 지역이라 마땅한 식당도 없다. 한참을 찾아다니다 겨우 허름한 식당을 찾아 쌀국수를 시켰다. 내가 마음을 풀어야 한다. 내가 하고자 하는 방향을 다른 사람에게 강요할 수 없고 또 해서도 안 된다. 지금까지 재밌게 잘 지냈는데 기분은 편치 않지만 다른 두 사람의 의견 도 존중해 줘야 한다. 갑자기 외국에서 미아가 된 듯한 기분이 들었는데 금방 국경을 넘어 떠나지 않고 오늘 저녁 함께 지내다 가겠다고 하니 좀 마음이 안정된다. 너무 고맙다.

점심을 먹고 오늘 저녁 숙소를 찾아보았으나 국경 지역인데도 치앙라 이에서는 그렇게도 많던 게스트하우스가 하나도 보이지 않는다. 점심 먹 는 식당 주인 딸과 겨우 영어가 통하여 물어보니 자기가 직접 우리를 데 리고 가서 안내를 해 준다. 더운 날씨에 포장도 되지 않고 물이 고여 있 는 흙탕길로 여행용 가방을 끌고 한참을 걸어갔다. 제법 큰 규모의 리조 트다. 카운터에 빈 방이 있는지 문의해 봤더니만 없단다. 대부분 중국 관 광객들이 많이 와서 머무는 리조트인 것 같다. 다시 국경 쪽으로 돌아와 구글 지도를 찾아 반대편으로 가 보았더니 허름한 호텔이 있어 들어가자 빈 방이 있단다. 대부분 호텔은 숙박하려면 여권을 달라고 해서 복사를 한 후 돌려준다. 1,000밧에 방 2개를 예약한 후 짐을 풀어놓고 다시 국경 쪽으로 갔다. 카페에서 커피를 한잔하며 긴장되고 섭섭했던 마음을 진정 시켰다.

여기는 국경 지역이지만 엄연히 미얀마인데도 미얀마 화폐는 받지 않 고 태국 돈이 통용된다. 모든 상점이 태국 돈인 밧으로만 거래를 한다. 이상하다. 미얀마의 정국이 불안하니 자기 나라 돈보다는 태국 돈을 더 신뢰하는 모양이다.

이젠 우리 부부만이 미얀마라는 나라에서 모든 것을 해결해야 한다. 그동안 4명이 움직이다 보니 서로 의지도 되고 또 내가 주도하지 않더라

도 관광하는 데 큰 지장은 없었는데 이제 경희와 둘이서 해결해야 한다
니 걱정과 부담이 될 수밖에 없다. 국경 시장 주변을 돌아다니며 구경을
해도 볼 곳이 없다. 주변 식당에서 저녁을 먹는데 SBS 드라마를 방영한
다. 미얀마 글로 자막을 보여 준다. 우리나라 방송이 여기까지 방영되는
것을 보니 긴장됐던 마음이 진정되면서 자부심이 느껴진다. 숙소로 돌아
오는 길에 내일 아침에 먹을 빵과 망고와 각종 과일을 사서 숙소 앞 테이
블에 앉아 과일과 맥주를 마시며 환담을 했다. 광표 씨는 머리와 수염이
길어 가까운 이발소에서 이발을 했다. 어린 시절 시골의 허름한 이발소
를 보는 것 같다. 요금은 50밧인데도 잘 깎는다. 광표 씨는 면도를 아주
부드럽게 잘한다면서 팁까지 주니 시골 이발사는 아주 좋아한다.

| 미얀마 국경 마을의 허름한 이발소에서 이발을 하다.

오늘은 우리 배낭여행의 큰 전환점을 맞이한 날이다. 그동안 배낭여행
을 통해 많은 것을 배웠지만 진정한 나 혼자만의 배낭여행은 아니었다.

배낭여행은 처음이라서

일행 4명과 함께한 것이다. 그러나 내일부터는 우리 부부만의 진정한 배낭여행이다. 이번 여행만 잘 마무리한다면 어느 지역이라도 자신감을 갖고 배낭여행을 할 수 있게 될 것이다. 일행과 헤어지는 서운함과 불안감도 없지 않지만, 오히려 위기를 기회로 삼는 계기가 될 것이다. 헤어진 동료에게 좋은 기회를 줘서 고마워해야 할 것이다. 내일부터 진정한 배낭여행을 떠나 보자. 경희야, 파이팅.

Day 19

둘만 남은 우리 부부, 잘할 수 있을까?

✦ 헤어지는 날의 아침

어제저녁에 경희는 침대에 눕자마자 잠이 들었다. 미얀마 여행 시 일행과 함께하지 못하게 된 것과 관련하여 신경을 써서 많이 피곤했으리라. 아침에 일어나더니 일행과 헤어져야 한다는 생각에 섭섭함과 불안한 마음이 들어 잠을 설쳤단다.

커피와 어제 준비한 케이크와 과일로 우리 방에서 아침 식사를 함께했다. 언제 어디서 만나자는 약속은 없었다. 우리의 미얀마 여행이 끝나면 태국으로 가서 다시 합류할 수도 있지만, 시간이 여의치 않으면 곧장 귀국할 수도 있을 것이다.

| 헤호 공항에서 인레 호수로 가는 도중에 우리를 어서 오라고 반기는 석양

어제 처음 미얀마로 들어왔을 때의 불안했던 마음은 이제 진정이 되었다. 국경을 넘어 첫발을 디뎠을 때의 느낌은 당황스러움이었다. 사람들도 태국보다는 깡마르고 검고 좀 거칠어 보이는 데다, 시내도 지저분하고 정리가 안 되어 보이는 풍경에 많이 황당했었다. 거기다가 스님조차 길거리를 다니면서 탁발을 하는 데다, 때가 묻은 지저분한 승복을 입은 채 맨발로 그릇을 들고 시주를 요구하는 어린 승려들을 보니 너무 측은하면서도 이해가 되지 않는다. 국경 부근의 수많은 가게가 있지만, 물품을 사는 사람은 별로 보이지 않는다. 관광객도 낮에만 잠깐 보일 뿐 저녁이 되면 어디로 갔는지 모두 자취를 감춘다. 어제저녁에는 빵을 사기 위해 가게에 들어갔을 때 입구에 남루한 행색을 한 부부가 손을 잡고 허기진 모습으로 빵을 구입하는 우리 일행을 계속 쳐다보면서 자리를 떠나지 않고 있는 모습이 너무나 측은하여 빵을 구입하고 남은 잔돈을 주었더니 고맙다고 인사를 한다.

✦ 각자 다른 길로

어제 구입한 빵과 과일로 아침을 먹고 경희가 가지고 있던 공동 경비를 절반으로 나누었다. 태국 돈은 태국으로 돌아가는 두 사람에게 주고, 미얀마 돈은 우리가 가졌다. 그리고 달러는 합계를 내어 반으로 나누었다.

10시 30분경 국경 다리 부근으로 가서 입구에 있는 카페에서 커피를 한잔하며 1시간 정도 환담을 하다 태국으로 귀환하는 일행은 국경을 넘어 되돌아갔다. 국경을 다시 무사히 넘어가면 전화를 하기로 하고 국경 검문소로 들어갔다. 18일 동안 4명이 함께 다녔는데 2명씩 헤어져야 한다니 너무 섭섭하고 아쉽다. 할 수 없는 일이다. 헤어져 있는 동안 모두 건강하게 여행 잘하다 다시 만나기를 바란다. 지금은 좀 섭섭하지만, 며칠 동안 여행하다 보면 이런 마음도 사라지리라 생각된다. 국경을 넘어 태국으로 가는 양 팀장과 광표 씨도 섭섭한 마음은 같을 것이다. 우리가 두 사람에게 섭섭한 마음이 있듯이, 두 사람도 자신들과 동행하지 않고 위험하다는 지역을 고집 피우면서 기어이 가려고 하는 데 대한 섭섭함과 함께 과연 아무 일 없이 여행을 잘할 수 있을까 하는 걱정도 있었으리라 생각된다.

✦ 남겨진 부부

국경 도시라 그런지 날이 밝자 태국에서 미얀마로 넘어와 1일 관광을 하기 위해 걸어서 오는 사람과 오토바이와 송태우에 짐을 가득 실은 채 국경을 넘어 들어오는 사람들로 북적인다. 대부분 사람은 태국에서 국경을 넘어 1일 탐방을 하고 다시 되돌아간다. 저녁이 되면 국경 도시는 쥐 죽은 듯이 조용하다. 그래서 그런지 게스트하우스 등 숙박 시설이 거의 없다.

일행을 태국으로 돌려보내고 국경 시장 앞 카페에서 비행장으로 떠나갈 시각까지 시간을 보내며 앉아 있는데 남루한 차림의 어린 스님들과 아주머니가 동냥을 요구하며 카페로 들어와 말은 하지 않은 채 한동안 옆에 서 있다. 아무 반응을 보이지 않으면 되돌아간다. 안타까운 마음만 가득하다. 카페에 앉아 있는 것도 부담스럽다.

국경 검문소 입구라 그런지 송태우와 오토바이들이 줄지어 서서 승객들을 기다린다. 손님을 기다리는 송태우가 길을 따라 길게 늘어서 있다. 시간이 지나자 국경을 넘어 들어온 사람들로 시장 주변이 북적거린다.

오랜만에 시간이 많아 카페에 앉아 여행기를 정리한다. 여기 사람들은 태국보다는 얼굴색이 검어 인도인 같은 모습을 풍긴다. 이슬람 사람들도 많은지 히잡을 쓴 여자들도 자주 보인다. 여기의 대부분 여자는 뺨에 흰

배낭여행은 처음이라서 🐾

색의 백단나무 가루를 바르고 다니고 있어 더 토속적이고 원시적인 모습을 연상케 한다.

12시 10분이 되자 국경을 넘어 간 두 사람으로부터 잘 통과했다는 전화가 왔다. 우리도 카페를 나와 시장으로 가서 시계 배터리를 교체하고 다시 한 번 더 둘러본 다음 12시 30분경 공항으로 출발했다. 이제부터는 모든 것을 우리 부부가 해결해야 한다. 공항으로 가기 위해 송태우인 줄 알고 300밧 달라는 것을 200밧에 가기로 하고 조금 기다리니 2인승 뚝뚝이를 몰고 왔다. 그래도 여행용 가방을 발 앞에 놓고 가는 데는 문제가 없을 것 같아 그대로 달렸다. 20분이라 금방 도착했다.

✦ 단 둘이 비행기 타기

타킬렉 공항 앞에서 쌀국수로 점심을 먹고 탑승 수속을 밟으러 미얀마 항공사 카운터 앞으로 갔더니 어제 항공권을 끊어준 최고 책임자가 사무실 안으로 들어와서 소파에 앉으라고 한다. 그러고는 커피를 한잔 타 주면서 귤까지 먹으라고 한다. 이야기하는 도중에 한국과 미얀마 사이에는 1년간 한시적으로 비자가 면제됐다는 것을 "No visa"라고 이야기했더니 여권과 항공권을 달라고 하더니만 바로 옆 출입국 관리소로 가져간다. 그러자 그 직원은 한참을 보더니 "Korea visa free"라고 이야기한다. "Visa free"라고 이야기해야 하는데 "No visa"라고 이야기했더니 이상해서 출입국 관리소에 가서 문의해 본 것 같다. 사회주의 국가라서 좀 민감한 모양이다.

시간이 되자 항공사 직원이 우리의 여권과 항공권을 다시 출입국 관리소 직원에게 건네자 다른 사람은 금방 도장을 찍어주고 들어가는데 우리 것은 처리를 해 주지 않는다. 시간은 자꾸 흘러가는데 초조해진다. 육로로는 입국이 안 된다는데 무슨 문제가 있었나. 뭐 시비를 걸고 돈을 요구하려고 그러는 것은 아닌가 하는 좋지 않은 생각이 스친다.

의자에 그냥 앉아 마냥 기다릴 수만 없어서 출입국 관리소 창구로 갔더니만 오늘 저녁 숙소가 어디냐고 묻는다. 마침 얼마 전에 미얀마를 여행했던 아들 친구 어머니가 추천해 준 골든드림호텔이 생각나서 사진으로 찍어 두었던 화면을 보여 주었더니 어제저녁에는 어디에서 잤냐고 또물어본다. 어제 묵은 호텔의 네임카드를 핸드폰에 촬영해 둔 것이 있어보여 주었더니 자기들 장부에 이름과 여권 번호, 숙박 호텔 등을 꼼꼼히적고는 통과 스탬프를 찍어 주면서 의자에서 기다리란다. 조마조마했는데 다행이다. 아직 탑승 시각이 되지 않아 좀 기다리라는 것이다. 탑승시각 40분 전이 되자 항공사 직원이 직접 오더니만 이제 출국장으로 들어가라고 안내를 한다.

항공사로부터 귀빈 대접을 받았다. 우리는 그냥 사무실 의자에 앉아있는데 티켓팅과 짐 부치는 것까지 모두 항공사 직원이 해 주었다. 외국인이 우리밖에 없다 보니까 친절을 베풀어 준 것 같다는 생각이 든다. 고맙다는 인사를 하고 출국장으로 나오니 그냥 허름한 점포 3개와 의자만몇 줄 덜렁 놓여 있다. 비행기 출발 시각인 4시가 다 되어 가는데도 아무런 안내도 없고 탑승객들도 그냥 앉아 있다. 어떻게 된 것인지 걱정이 되어 옆 사람에게 물어봤더니 자기도 같은 비행기를 탄다면서 조금 기다리면 비행기가 올 거라며 걱정하지 말란다. 4시 20분쯤 되어 탑승 절차를밟고는 곧 출발한다. 그냥 출국장 문을 열고 나가면 비행기가 있다. 비행장에는 우리가 타고 가는 비행기가 유일하다. 아무런 거리낌 없이 비행기는 신속히 이륙한다. 말도 많고 걱정도 많았는데 비행기가 드디어 하늘로 날아오른다. 이제 미얀마에서 여행은 문제없이 진행되리라는 기대감으로 인해 그동안 불안했던 마음이 사라진다.

공항 주변의 파란 산과 들판이 눈 아래로 펼쳐진다. 그동안의 모든 불

확실성과 불안을 떨쳐 버리고 하늘로 올라간다. 미얀마 북부 산악 지역을 15시간 이상 걸려 버스로 가려고 했으나 육로로 이동하는 것이 불가능하여 끝내 가지 못하고 우리 둘만 비행기로 50분 만에 헤호 공항에 도착했다.

공항에서 기다리는 동안 부킹닷컴에 로그인하고 경희 친구가 소개해 준 호텔에 예약했다. 그동안 현지에 도착하여 어두운 거리를 여행용 가방을 끌고 돌아다니며 숙소를 찾느라 고생했는데 쉽게 예약을 할 수 있다니 다행이다. 지난번 하노이에서는 비 오는 밤거리를 12시가 넘은 시각까지 숙소를 구한다고 돌아다니기도 했다. 배낭여행에 대한 노하우가 점점 쌓여간다. 기쁘다.

비행기 안에는 서양인으로 보이는 사람은 아무도 없고, 외국인으로 보이는 사람은 외모로 보아 잘 모르지만, 우리가 유일한 것 같다. 아마 우리 같은 루트로 여행하는 사람은 거의 없는 모양이다. 어제 오후에 타킬렉 국경 앞 카페에서 본 서양인들도 저녁이 되면 여기에서 자지 않고 태국 매사이로 넘어간단다. 낮에 거리를 돌아다녀 보아도 외국인들은 별로 보이지 않는다.

✦ 인레 호수 도착

5시 30분 헤호 공항에 도착했다 외국인 창구로 가서 여권을 내밀었더니 한 번 훑어보고는 도장을 찍어 준다. 별문제 없이 공항을 통과했다. 여기도 조그마한 공항이다. 탑승객 짐을 비행기에서 손수레에 싣고 와서 내려 준다. 아무 시설이 없는 시골 공항인 모양이다. 공항 입구로 나오니 택시가 몇 대 대기하고 있다. 얼마 되지도 않는 거리인데 3만 짯을 달란다. 짯은 우리나라 돈과 1:0.8 정도다. 즉, 1천 짯은 8백 원 정도다. 3만 짯은 2만 4천 원이다. 다른 택시에 물어봐도 꼭 같은 가격이다. 택시 운전사끼리 가격을 단합한 모양이다. 할 수 없어 가자고 하니 다른 택시로 안내해 준다. 가격 흥정한 사람과 운전하는 기사는 다르다. 택시기사에게 골든드림호텔로 가자고 하니 어딘지 안다고 한다.

5시 50분 석양을 맞으며 인레 호수를 향해 달린다. 태양이 서쪽 저 멀리 산허리로 넘어가고, 동쪽 맑은 하늘에는 보름달이 둥그렇게 떠 있다. 오는 도중에 호텔에 전화해서 지금 공항에서 가고 있다고 연락했다. 너무 늦게 도착하면 취소될 수도 있을 것 같아서다. 주위에 어둠이 내려앉는다. 조용한 시골길이다. 포장은 했지만, 많이 털털거린다. 사방이 넓은 평원이고 멀리 야트막한 산이 보인다.

인레 호수 쪽으로 택시를 타고 오는데 중간쯤에서 갑자기 정차한다. 벌써 호텔에 도착했나 생각했는데 창문을 열고 티켓 두 장을 준다. 인레 지역 입장료가 1인당 15,000짯이라며 지급해야 들어갈 수 있단다. 입장료를 내고 조금 지나자 부킹닷컴으로 예약한 골든드림호텔에 도착했다. 이름을 확인해 보니 예약이 잘 되어 있다. 1일 숙박료가 28,327원이다. 짐을 방에 옮겨 놓고 카운터로 와서 내일 인레 호수 1일 투어를 신청했다. 25,000짯이란다. 그리고 하루 정도 여행을 하면 더 이상 관광할 것이 없을 것 같아 저녁 8시에 바간으로 가는 야간버스를 신청하려고 했더니만 최고급인 JJ버스는 만석이 되었다고 하여 그 아래 단계 버스를 17,000짯을 주고 예약 했다.

✦ 둘이서 해낸 여행 첫날을 자축하다

바간으로 가는 버스표까지 예약한 다음 주변 구경을 하기 위해 밖으로 나갔다. 이곳에는 외국인도 많이 보인다. 그래도 너무 시골이라서 그런지 관광지 같은 분위기는 안 난다. 야시장이 있다고 하여 가 보았지만, 골목이 어둡고 보이지 않아 찾는 것을 그만두고 길옆 식당에서 외국인들이

배낭여행은 처음이라서

맥주를 마시는 것이 보여 들어갔다. 우리도 저녁 겸 간단한 안주 2개를 시키고 맥주 한 병을 마시며 어려운 과정을 헤치고 여기까지 온 것을 자축했다.

맥주를 마시는데 우리 좌석 앞뒤에서 한국말이 들려 돌아보니 한국인 젊은이들이다. 한 팀은 여자 3명인데 조금 있더니 계산을 하고 나간다. 뒤에 앉은 다른 팀 사람들이 이야기하는 소리를 들어 보니 고향이 경북 상주라고 한다. 내 고향과 같은 곳이라 관심이 쏠려 고개를 돌려보니 여자 3명과 남자 한 명이 맥주를 마시는데 모두 따로따로 와서 여기에서 만났단다. 두 달 동안 동남아 여행을 다닌다는 여자분과 혼자서 일주일 휴가를 받아 왔다는 젊은 남자와 여자 두 명이다.

그중 한 젊은 여자분은 내일 우리와 같은 시각인 8시에 출발하는 바간행 야간버스를 예약했다는데 같은 버스는 아니다. 그러면서 자기가 예약한 숙소를 알려 주었다. 우리도 부킹닷컴을 통해 같은 숙소에 예약했는데 비용은 18,881원이다. 매우 저렴한데 여행자들의 평은 아주 좋다. 저녁 8시에 출발하면 바간에 새벽 4~5시경에 도착한단다. 그 시각에 도착하면 터미널에서 숙소까지 택시를 타야 한다면서 만나서 택시를 같이 타고 가잔다. 그렇게 하기로 했다. 상부상조다. 또 젊은 사람과 함께하면 정보도 많을 것 같아서 마음도 든든하다.

점점 배낭여행하는 데 자신감이 생긴다. 미얀마로 건너오기를 잘했다는 생각이 든다. 기분 좋게 맥주를 마시고 9시경에 숙소로 돌아왔다.

오늘 아침에 일행과 헤어질 때는 섭섭했으며, 공항에 와서 체크인하고 출입국 관리소를 통과할 때는 긴장이 되기도 했다. 그러나 호텔에 도착하여 내일 투어 일정과 바간으로 가는 버스와 숙소 예약까지 마치니 홀가분하고 기쁘기도 하여 여러 가지의 감정을 느끼는 하루였다. 이런 자유스러움 때문에 배낭여행을 다니는 모양이다.

경희는 오늘은 일찍 잠들었다. 어제저녁에는 일행들과 헤어져야 한다는 걱정 때문에 잠을 설쳤단다. 그리고 공항에서 체크인하고 출입국 관리소를 통과하면서 긴장했다가 나머지 일정이 잘 해결되자 오늘은 편안한 맘으로 잠이 들었으리라 생각된다. 영어로 이야기하다 안 되면 통역 앱을 활용하니 어지간한 것은 의사소통이 된다.

국경 지역인 타킬렉의 지저분하고 열악한 분위기를 벗어나니 홀가분하다. 4~5명이 여행을 하다가 우리 부부 두 명만 다니니 더 자유롭다. 주변의 간섭이나 눈치 보지 않고 우리가 마음대로 결정하고 또 행동할 수 있어서 편안하다. 낭쉐 지역에서 첫날밤도 깊어간다. 내일은 또 인레 호수에서 어떤 멋진 광경을 볼 수 있을지 기대된다.

배낭여행은 처음이라서

잔잔한 물결, 인레 호수의 평화

✦ 바다처럼 넓은 호수

숙소에서 아침 먹을 때 중년의 여자 두 명을 만났다. 한국에서 온 여행객으로 이 지역에서 며칠을 머무는데 트레킹도 하며 쉬엄쉬엄 여행한다면서 바간에 대한 여행 정보를 알려 준다.

7시 40분쯤 보트 운전사가 숙소로 우리를 픽업하러 왔다. 차를 타고 얼마 가지 않아 보트가 있는 곳에 도착했다. 기름을 넣고 준비를 한 후 구명조끼를 입으니 담요를 하나씩 준다. 8시경 보트는 좁은 수로를 통해 호수로 나간다. 아침 햇살을 옆에서 받으며 배는 달린다. 툭툭툭 엔진 소리를 내며 신나게 간다. 내 마음도 덩달아 신난다. 갑자기 시야가 확 넓어진다. 좁은 수로에서 넓은 호수로 들어온 것이다. 바다처럼 넓다.

| 인레 호수에서 부초를 띄워 놓고 주로 토마토 농사를 짓는 가족

인레 호수는 875m 높이에 위치하고 있으며, 남북으로는 22㎞, 동서로는 11㎞나 되는 거대한 호수다. 이 호수 주변에는 인따족 10만 명이 수상 가옥을 짓고 살아간다고 한다. 많은 배가 오간다. 여러 수로에서 나온 조그만 보트들이 관광객을 태우고 호수 가운데로 경쟁하듯 달린다. 아침 이른 시각에 호수를 달리니 바람이 차갑다. 그래서 담요를 하나씩 준 모양이다. 담요를 온몸에 감고 멋진 호수를 감상한다. 어부들은 조그만 배를 저어 가며 고기를 잡는다.

한참을 나오니 좌우에 집들이 보인다. 좌측 하늘에서는 밝은 태양이 우리를 반긴다. '멋지다'라는 말은 이럴 때 쓰면 적절할 것 같다. 물새들은 보트 소리에 놀라 물을 딛고 하늘로 날아오른다. 보트는 우리 두 사람만 태웠다. 어떤 보트는 5~6명. 또 다른 보트는 혼자만 태우고 가는 것도 있다. 손을 흔들어 본다. 저쪽 보트의 사람들도 반갑게 흔들어 준다. 바람을 맞으며 배가 달리기 때문에 차갑다. 담요를 몸에 감싸고 있으니 보온이 된다. 어부는 한발로 노를 저으며 그물을 걷는다.

보트는 신나게 달리다가 은세공품 등 각종 보석을 취급하는 가게에 뱃머리를 댄다. 은세공품이나 민속품 등을 판매하는 수상가옥이다. 한번 둘러봐도 사고자 할 만큼 구미가 당기는 물건은 없다. 그냥 둘러보고 배로 내려왔다. 물 위에는 토마토 농사를 짓는 밭이 엄청 넓게 펼쳐져 있다. 지금은 겨울이라 토마토 농사를 짓지는 않는다. 30분 정도 달리자 더 넓은 호수가 또 나타난다. 아직 아침 이른 시각이라 그런지 수면에는 물 안개가 자욱하다.

수많은 수로를 통해 보트가 물보라를 일으키며 달린다. 두 번째로 실크와 직물을 파는 곳을 들렀다. 우리가 가자고 하지도 않았는데 보트 운전사 마음대로 간다. 물 위에 집을 짓고 연 줄기에서 실을 뽑아 염색해 그 실로 짠 스카프, 가방, 옷 등의 특산물을 판매한다. 연 줄기에서 가느

배낭여행은 처음이라서

다란 실을 뽑아 내는 과정과 베틀에서 직물을 짜는 모습을 보여 주면서 상품을 선전한다. 보트들이 대부분 들르는 코스인 모양이다. 그냥 구경만 했다.

✦ 빠웅도우 파야

다음에는 빠웅도우 파야라는 사원을 들렀다. 꽃 파는 여인들이 선착장까지 나와서 사라고 권유한다. 여기 사람들은 파고다[2]나 사찰을 들를 때는 대부분 꽃을 불상에 바친다. 안 산다고 거절하니 간다. 입구에 들어서자 신발과 양말까지 벗으란다. 오가는 복도는 새똥과 각종 흙먼지 등으로 지저분하다. 그래도 대부분 사찰에 들어갈 때는 신발과 양말까지 벗어야 들어갈 수 있다. 호수 내에 있는 파고다인데 상당히 규모가 크다. 많은 사람이 와서 기도한다. 본당에는 조금 특이한 5개의 불상이 안치되어 있다. 불상이라기보다는 둥근 금덩어리로 보이는데 이는 현지인들이 기도하면서 불상에 금박을 붙여서 원래 모습과는 달리 바뀌었기 때문이란다. '얼마나 많이 붙였으면 이렇게 될까' 하는 생각이 든다. 이런 내력을 모르는 관광객들은 부처님을 모셔 놓지 않고 이상한 것을 안치해 놓았다고 할 것 같기도 하다. 미얀마의 많은 사원이 그러하듯 여성은 불상에 다가갈 수도, 금박을 붙일 수도 없단다.

금덩어리 불상에 대해 전해지고 있는 이야기에 의하면 옛날 우기에 큰 물이 들어 범람을 피하고자 불상을 보트로 옮기는 도중 전복되어 불상을 잃어버렸는데 사찰로 돌아와 보니 물에 빠져 잃어버린 불상이 원래 자리로 돌아와 있었다고 한다. 그래서 이 사원은 추앙을 받고 있으며, 매년 18일간 빠웅도우 축제가 열린다고 한다.

관람을 마치고 미얀마 돈인 짯이 필요할 것 같아 사원 입구에 있는 환

---

2) 동양의 높은 탑 모양의 종교 건축물.

전소에서 155달러를 환전하니 235,000짯을 준다. 은행에서 운영하는 환전소라 그런지 더 좋은 환율로 계산해 주는 것 같다.

| 큰 탑을 중심으로 작은 탑 7~8개가 둘러싸고 있는 형태로 수백 개가 운집되어 있는 인데인 파고다의 모습

인데인 빌리지

다음으로 인데인 빌리지를 들렀다. 보트에서 내려 입구로 나가자 오토바이들이 줄지어 대기하고 있다. 파고다가 있는 곳에 가려면 오토바이를 타야 하는 모양이다. 오토바이 한 대에 한 사람씩 두 사람이 가는데 4,000짯을 달란다. 가는 길도 모르는데 걸어갈 수도 없어서 두 대에 나누어 타고 올라갔다. 올라가는 길 양옆 숲속 곳곳에는 벽돌로 된 수많은 파고다들이 허물어져 방치되어 있다. 숲이 우거진 황톳길을 10여 분도 채 가지 않아 인데인 파고다가 보인다. 고고학 유적 협회에 의해 1999년에 확인된 이 지역의 파고다는 총 1,054개나 된단다.

우거진 숲속 길을 지나 조금 더 올라가자 탑들이 한곳에 밀집되어 있

배낭여행은 처음이라서

다. 이곳의 파고다는 건축 시기를 비롯한 모든 것이 아직까지 미스터리로 남아 있다. 비문에 의하면 BC 273~232년 스리 담마 소카 왕이 세웠다고 한다. 큰 탑을 중심으로 여러 개의 작은 탑이 빙 둘러가며 서 있다. 이런 형태의 탑들이 수백 개는 될 것 같다. 각 탑 안에는 부처님이 모셔져 있다. 탑의 모양과 색깔도 가지각색이다. 황금색, 회색, 검은색 등 다양하다. 외국 관광객들이 즐비하다. 주변의 작은 산꼭대기에도 황금색 탑이 세워져 있다. 대부분 산이 나지막하다. 그 산 중턱이나 정상에는 황금색 탑이 보인다.

| 색깔과 모양과 크기가 다양한 인데인 빌리지의 파고다 모습

✦ 뷰 포인트

오토바이 운전사는 조금 더 위의 산꼭대기에 올라가면 탑과 인레 호수 등이 잘 보인다면서 갈 것을 권유한다. 그러면서 2천 짯을 달란다. 많은 금액이 아닌 것 같아 오토바이를 타고 올라갔다. 금방 도착했다. 탑이 있는 지역뿐 아니라 호수 주변이 훤하게 내려다보인다. 멋지다. 정말 좋은 뷰 포인트다. 한참 동안 사진을 찍으며 감상을 하다 내려오면서 조금 전에 본 인데인 빌리지를 다시 한 번 더 들렀다. 너무 성급하게 본 것 같아서다. 다시 둘러보아도 탑의 숫자와 규모가 엄청나다. 얼마나 오래된 것인지는 잘 몰라도 그 옛날에 깊숙한 산골에 이런 규모로 탑을 쌓았다는 것은 대단하다는 생각이 든다. 10~20m 높이의 탑이 수백 개가 밀집되어 세워져 있다니 감탄스러울 뿐이다.

구경을 마치고 밖으로 나오니 우리를 태우고 온 오토바이가 보이지 않는다. 어디로 갔나? 주위를 왔다갔다하며 한참을 찾으며 기다리니 밑에서 관광객을 태우고 올라온다. 그사이 아래로 내려가서 또 관광객을 태우고 온 것이다. 부둣가로 오토바이를 타고 내려와 보트를 다시 탔다. 여기까지 보트를 타고 오면서 꼬불꼬불한 수로를 따라서 한참을 찾아왔다. 밀림 같은 숲속 수로를 오기도 했고 마을을 가로질러 오기도 했다.

되돌아오는 길에 롱넥 마을을 들렀다. 마을이라기보다는 롱넥을 한 할머니와 엄마와 딸처럼 보이는 여자 3대가 베틀에 앉아 직물을 짜고 있고, 내부에서는 각종 스카프와 옷과 토산품들을 판매하는 곳이다. 직물을 짜는 젊은 여자와 할머니와 손녀처럼 보이는 여자 3명뿐이다. 나머지는 옷과 스카프와 손지갑과 롱넥 모형의 목각 등이다. 경희는 모자와 선물할 손지갑 등을 구입했다.

| 롱넥을 한 채 앉아 있는 할머니와 손녀, 그리고 직물을 짜고 있는 아주머니 등 3대의 모습

옆으로 배가 지나가면 그 물결로 우리 보트도 출렁인다. 집은 땅에 기둥을 박아 지어 놓았으나 토마토는 호수 위에 두꺼운 부초를 띄워 놓고 그 위에서 재배한다. 겨울철이라 아직 농사를 짓지는 않지만, 토마토 농장은 넓게 펼쳐져 있다. 낮이 되니 보트가 더 많아진다. 배가 많아지니 수로도 복잡하다. 배는 코브라처럼 머리를 쳐들고 물보라를 일으키며 신나게 달린다. 물보라가 햇빛에 반사되어 무지개가 생긴다. 대나무를 뗏목으로 만들어 운송하는 것도 보인다.

좁은 수로에서 넓은 호수로 나오니 시원하다. 호수 주변 야트막한 산 군데군데에는 황금색 탑들이 보인다. 호수에는 검은 가마우지와 흰 갈매기가 보트 소리에 놀라 날아오른다. 옆으로 보트가 지나가면 우리 배가 출렁거리다가 이내 조용해진다. 어부들은 그물을 쳐 놓고 긴 막대기로 호숫물을 내리치며 고기를 잡기도 한다.

✦ 한가로운 수상 마을의 골목

관광을 마치고 돌아오는 길에 보트 운전사는 수상마을 동네에 들어가서 작은 배로 노를 저으며 골목을 돌아보지 않겠느냐고 물어본다. 비용은 2만 짯이라고 한다. 1만 5천 짯에 둘러보기로 하고 마을로 들어갔다. 두세 사람이 탈 수 있는 조그만 배로 갈아타고 수상마을 골목골목을 다니며 사진을 찍었다. 수상마을의 풍경이 아기자기하고 너무나 평화롭게 보였다. 100여 호 되는 주민들은 호수가 고향이고 어머니다. 호수에서 태어나 자라고 학교 다니고 성장해서 또 호수에서 토마토 농사를 짓거나 고기를 잡아 생계를 이어간다. 호숫물로 목욕하고 수영하고 또 거기에서 배설까지 한다. 먹는 물은 물통이 있는 것으로 보아 생수를 마시는 것 같다. 채소를 씻는 것도 호수에서 한다.

| 아름다운 수상 마을의 풍경

배낭여행은 처음이라서

수상마을 투어를 마치고 보트 선장의 집을 방문하고 싶다니까 흔쾌히 수락해 준다. 물 위에 세워진 2층으로 된 목조 주택인데 한 층이 20평 정도 되어 보인다. 1층은 거실 겸 식당이고 2층은 침실이다. 화장실은 1층 거실 옆에 밑이 뚫려 있어 볼일을 보면 호수로 떨어진다. 집을 둘러보고 거실에 앉으니 커피와 케이크와 토마토를 내온다. 정말 고맙다. 아버지를 모시고 9개월 된 아들과 아내와 함께 산다고 한다. 커피도 우리 입맛에 맞고 토마토는 수상 농장에서 직접 기른 것이라는데 당도가 높아 맛있다. 고마워서 꼬마 아들에게 5,000짯을 주고 나왔다.

　여기 사람들은 호수에 부초를 띄워 놓고 그 위에 토마토 농사를 짓는다. 전에 TV의 〈세계테마기행〉에서 보았던 그 모습 그대로다. 부초의 두께가 거의 1m는 되는 것 같다. 그 위에 토마토 농사를 대규모로 짓는다. 호수에서 고기 잡는 사람은 한 발만 배에 고정한 채 다른 한 발로 노를 저으며 두 손으로는 그물을 걷는다. 평생을 해 온 생업이지만 대단한 묘기처럼 보인다.

Ⅰ 호수에서 고기를 잡는 어부의 모습

3시경 보트 투어를 마치고 호텔로 돌아와 좀 쉬다가 점심 겸 저녁을 먹으러 나왔는데 아침에 만났던 여자 두 분이 호텔에서 100여 미터 정도 떨어진 곳의 '뷰 포인터'라는 식당에 가면 새우 요리가 맛있다고 추천을 해 주어서 가 보았다. 추천한 새우 요리와 꼬마새우 튀김과 두부 요리에 맥주 한 병을 시켰다. 4만 9천 짯이다. 맛있게 배불리 먹었다. 레스토랑이 수로 가까이 있어 6시가 되어 해가 뉘엿뉘엿해지자 보트가 속속 항구로 돌아오느라 시끄럽다. 레스토랑에서 한참 동안 여행 일지를 정리하며 쉬다 호텔로 돌아왔다.

✦ 야간 버스를 타고 바간으로

7시 30분이 되자 뚝뚝이가 바간으로 가는 버스 정류장까지 픽업하기 위해 호텔로 왔다. 뚝뚝이는 여러 호텔을 돌아다니며 버스를 예약한 관광객들을 태우고 정류장에 내려 준다. 야간버스는 정원이 30명이다. 화장실도 실내에 있다. 탑승할 승객이 모두 승차했는지 출발 시각보다 10분 일찍 7시 50분에 출발했다.

버스가 출발하자 실내등을 모두 끈다. 취침 분위기다. 지난번 닌빈에서 사파까지 갈 때는 2층 침대 버스였는데 오늘은 1층이지만 좌석 밑으로 다리를 쭉 뻗고 탈 수 있게 되어 있다. 좌석도 뒤로 젖히면 거의 누울 수 있다.

버스는 도로 상태가 좋지 않은지 털털거리며 천천히 간다. 저녁 8시라 밖은 컴컴해서 분간이 안 된다. 핸드폰의 자판으로 여행기를 쓰기가 쉽지 않다. 출발한 지 30여 분 지나자 산길로 접어들었다. 높이 올라왔는지 귀가 먹먹하다. 꼬불꼬불한 산길을 버스와 트럭과 승용차가 줄지어 간다. 짐을 가득 실은 트럭이 힘겹게 올라가니 뒤따라가는 버스는 천천히 따라갈 수밖에 없다.

배낭여행은 처음이라서

1시간 반을 달리더니 잠시 쉰다면서 저녁을 먹을 사람은 식사하란다. 높은 산 속에 정차했는지 쌀쌀하다. 30분을 쉬고 10시에 출발했다. 그동안 자면서 오느라 몰랐는데 계속 오르막을 올라왔는지 이제는 계속 고갯길을 내려간다. 일부 구간은 비포장인 데다가 엄청난 높이의 절벽이 깎여져 있는 것으로 보아 구부러진 길을 펴는 공사를 하는 모양이다. 어두운 산길인데도 차량의 불빛은 꼬리를 물고 이어진다. 대부분이 아래로 내려가는 차들이다. 절벽 저 아래를 보니 차량의 불빛이 3층으로 보인다. 엄청 고불고불한 고갯길인 모양이다.

대형 화물차들이 반대편 차선에서 올라오니 코너 길에서 교행이 안 되는지 차량 행렬이 지나가고 난 다음에야 출발한다. 아마 우리나라 같으면 벌써 터널을 뚫었을 것이라는 생각이 든다. 앞에 큰 화물차가 천천히 내려가자 우리가 탄 버스는 보조를 맞추느라 과속을 못 하니 오히려 다행이라는 생각이 든다. 산 위쪽을 보니 몇 굽이의 차량 불빛이 보인다. 새벽 2시 30분에 잠이 깨어 눈을 뜨니 버스가 정차해 있다.

운전기사가 쉬는 시간인 모양이다. 10여 분 쉬다 또 달린다. 이제 평지를 달린다. 많이 흔들거리지는 않는다. 버스 안 공기가 차갑다. 에어컨을 켠 것이 아닐 텐데 왜 그럴까? 경희 친구가 버스가 춥다는 이야기했었는데 준비 못 한 것이 아쉽다. 경희는 내복을 입어 낮에는 덥다고 하더니만 다행스럽게도 버스 안이 쌀쌀한데도 괜찮단다. 그래도 옆에서 자주 기침을 한다. 감기 걸리지 않을지 걱정이 된다. 좌석이 불편하고 털털거리고 추운데도 잠이 온다는 것이 이상하다. 조금 더 달리다 정차하더니만 여행객들이 내린다. 우리는 또 좀 쉬었다 가나 보다 했는데 벌써 종점에 도착했다고 한다.

바간에서의 일출, 그리고 뜻밖의 선물

✦ 바간에서의 재회

야간 버스를 타고 새벽 4시경 바간에 도착했다. 우리보다 고급 버스인 JJ버스를 타고 오는 여자분은 아직 도착하지 않았다. 10여 분 기다리자 JJ버스가 도착하여 서로 만났다. 하룻밤이 지나고 다시 만났는데도 반갑다. 이름은 선희 씨라고 하고 오늘 우리와 함께하기로 했다. 주차장에서 택시비를 흥정하고 있는데 젊은 한국 청년이 아는 체하는 데다 호텔 방향도 비슷하여 동행하기로 했다. 4명이 1만 2천 원을 주기로 하고 해돋이를 본 후 숙소에 가기로 하고 일출 포인트로 향했다. 10여 분 정도 달리자 벌써 도착했단다.

젊은 사람들은 대단하다는 생각이 든다. 정보도 많고 영어도 잘할 뿐아니라, 택시비나 숙박비 등 다른 비용 흥정도 잘한다. 부럽다. 반면에 젊은 친구들은 또 우리를 부러워할 수도 있을 것이다.

✦ 바간의 첫 일정, 일출 보기

새벽 4시 40분에 일출 포인트에 도착했다. 날씨가 차갑고 아직 일출까지는 시간이 많이 남아 택시 안에서 기다렸다. 달이 밝게 빛난다.

좀 쌀쌀한 날씨로 인해 택시 안에서 1시간 이상 기다리다가 5시 40분경 바로 옆 언덕으로 올라갔다. 언덕은 자연적으로 있는 것이 아니라, 벌판 한가운데 일출을 볼 수 있도록 인공적으로 만들어 놓은 것처럼 보인다. 벌써 많은 사람이 와서 기다리고 있다. 저 멀리 야트막한 산이 붉그스름해진다. 바간 시가지가 다 내려다보인다. 시내 곳곳에는 황금색과 검은색과 붉은색 등 가지각색의 탑들이 산재해 있다. 숲과 가옥과 탑들이 어우러진 바간 시가지는 새벽이라 그런지 너무나 조용하고 평화롭다. 이런 곳에서 사는 사람들은 또 얼마나 좋을까 하는 부러운 생각도 든다.

ㅣ 야트막한 일출 포인트에서 보이는 저 멀리 지평선으로 떠오르는 아름다운 태양

✦ 벌룬이 수놓은 하늘

여명이 붉어지자 북쪽 마을에서 열기구인 벌룬(Balloon)[3]이 떠오른다. 하나둘 떠오르던 벌룬이 갑자기 20여 개나 되어 하늘로 올라 여명을 받으며 서서히 시내 쪽으로 이동한다. 각양각색의 커다란 벌룬이 떠 있는 풍경이 장관이다. 관광객들은 일출보다는 벌룬에 더 관심이 커졌으며, 숫자가 점점 늘어나자 환호성을 울린다. 대단한 광경이다. 바간 시내 주변은 야트막한 야산만 보일 뿐 대평원이다. 이런 환경으로 인해 거의 지평선에서 떠오르는 태양을 볼 수 있다. 낮게 깔린 구름으로 인해 태양은

---

3) 공기나 가스로 채워진 구 모양의 대형 풍선에 바닥에는 곤돌라를 매달고 비행하는 스포츠.

한참을 지난 다음 구름 사이로 얼굴을 내민다. 예상하지 못했던 벌룬의 장관을 보아 너무 기분이 좋고 큰 행운을 얻은 것 같았다.

| 벌룬과 일출 모습을 촬영하는 관광객들

| 여명을 받으며 떠오르는 벌룬의 장관

배낭여행은 처음이라서

벌룬과 일출 감상을 마치고 어제 예약한 숙소로 왔다. 확인해 보니 우리 숙소는 화장실을 공동으로 사용하게 되어 있어 22달러를 주기로 하고 좀 더 좋은 방으로 업그레이드했다. 또 하루만 예약되어 있던 것도 하루 더 연장하였다. 이른 아침인데도 체크인하여 방에 들어갈 수 있고, 이전에 묵었던 어떤 숙소보다 푸짐하게 차려진 아침까지 먹을 수 있도록 배려해 준다. 아침 메뉴도 빵과 주스, 커피, 달걀부침, 파인애플 등 다양하고 배부르게 먹을 수 있다. 더 달라고 하면 또 가져다준다. 서비스가 좋으니 부킹닷컴에 후기가 잘 올라와 있는 모양이다.

✦ 피곤했던 파고다 관람

숙소에 여행용 가방을 가져다 놓고 9시에 출발하는 1일 투어를 1인당 15달러를 주고 신청했다. 같이 온 선희 씨는 피곤하다며 좀 쉬었다가 오후에 관광하겠다고 하여 우리 부부만 갔다. 5명이 한 팀이 되어 밴을 타고 영어 가이드와 함께 올드 바간 일원에 산재해 있는 파고다를 관람했다. 야간 버스를 타고 쉬지도 못하고 투어를 나온 데다, 비슷비슷한 파고다만 계속 관람을 하니 별로 흥미도 없고 많이 피곤하다. 영어로 하는 설명도 잘 이해가 안 된다. 20대 독일인 남자 2명과 50대 일본 남자 1명과 우리 부부 두 사람이다. 독일인 중 1명은 파고다나 불상 등에 관심이 많아 가이드에게 갖가지 질문을 한다. 일본인은 건축 관련 직업을 갖고 있어 파고다 사진을 촬영하는 데 주안점을 두고 있다. 또 종교가 불교인지 방문하는 곳마다 부처님 앞 불전함에 시주를 한다. 우리 부부는 설명에는 별로 관심이 없고 중요한 곳에서 사진을 찍으며 따라다니는 형편이었다.

처음으로 방문한 곳은 올드 바간에서 북동쪽으로 5㎞ 떨어진 곳에 있는 낭우 지역의 대표적 사원인 쉐지곤 파야였다. 입구에 들어갔는데 지역 입장권을 보자고 한다. 독일인 두 명은 입장권을 끊고 와서 금방 제시하는데 일본인은 입장권을 끊지 않았다면서 현장에서 끊었다. 우리는 일일 관광을 나오기 전에 사찰마다 입장권을 보자고 하는 것이 아니니까 만약에 보자고 하면 호텔에 두고 왔다고 하면 그냥 넘어갈 수 있다는 이야기를 들은 적이 있다. 그래서 호텔에 두고 왔다고 했다. 다행히 가이드가 잘 이야기하여 겨우 위기를 넘겼다.

우리는 새벽에 온 데다, 일출을 보느라 큰길로 온 것이 아니라 사잇길로 와서 그런지 바간으로 들어올 때 지역 입장권을 끊으라고 하는 곳이 없었다. 인레 호수에 갈 때는 도로상에서 지역 입장권을 끊었는데 여기 들어올 때는 그런 곳이 보이지 않았다.

✦ 들켜 버린 거짓말

그러나 지역 입장권을 구매하지 않고 호텔에 두고 왔다고 거짓말한 것이 양심의 가책이 되어 찝찝했다. 외국인 앞에서 뻔한 거짓말을 하여 우리나라의 명예를 훼손하는 것 같았고, 또 일본인도 있어 더 그런 생각이 들었다. 그런 데다 매 사찰에 들어갈 때마다 신발과 양말까지 벗고 들어가야 하는데 독일인은 그런 정보를 알고 왔는지 맨발에 슬리퍼를 신고 왔다. 일본인은 운동화를 신고 와서 매번 벗는 것이 귀찮았는지 멀지 않은 곳에 있는 호텔로 돌아가서 슬리퍼를 신고 오겠다고 한다. 그러자 가이드는 호텔로 다시 가면서 신발도 갈아 신고 우리 보고는 지역 입장권을 가지고 오라고 한다.

그래서 우리는 오늘 아침 일출을 보기 위해 일찍 오느라 입장권을 끊지 않고 왔다면서 다음 사찰에 갈 때 끊겠다고 사실대로 이야기할 수밖에 없었다. 나이도 어린 외국인 앞에서 거짓말한 것이 탄로 나 너무나 창

배낭여행은 처음이라서

피한 데다, 매번 비슷한 파고다만 둘러보는 것이라서 재미도 없었고, 어제저녁 밤새 야간버스를 타고 와서 피곤하기도 하여 가이드에게 투어를 그만하겠다고 했다. 그러자 가이드가 이미 시작한 관광이니 같이 하자고 권유하여 함께 하였지만 관광하는 도중에 창피한 생각을 떨칠 수가 없었다.

기분이 별로 좋지 않은 데다 피곤한데도 오전 내내 파고다를 돌아다니며 구경을 했는데 점심 식사 후 가이드가 코코넛 열매 한 개를 사 주어 과즙을 마셨더니 피곤한 것이 사라졌다. 오후에는 관광하면서 가이드와 친해져서 사진 촬영하기 좋은 장소에 가면 우리 부부에게 사진도 찍어 주고 또 슬리퍼를 사려고 했더니만 더 싼 가게가 있다면서 안내해 주는 등 친절하게 해 줘서 기분이 한층 좋아졌다.

✦ 사원의 행렬

쉐지곤 파야는 미얀마를 최초로 통일한 아노리타 왕이 따톤을 정복한 기념으로 건설하기 시작해 1085년 짠시타 왕에 의해 완공되었다. 쉐지곤 파야는 바간에서 가장 오래된 사원 중 하나이기도 하지만, 아름답고 우아한 건축 양식은 훗날 미얀마에 건설되는 많은 파고다의 표본이 되었단다. 황금색으로 지어진 거대한 사원은 규모 면에서도 엄청날 뿐 아니라 너무나 아름다워 감탄을 자아내기에 충분했다. 사원 경내 한쪽 바닥에는 움푹 파인 구덩이에 물이 고여 있는데 유난히 관광객들이 주변에 많이 모여 있다. 왜 그런가 봤더니 탑이 높고 거대해 상부가 보이지 않는데 이 구덩이에 고인 물을 거울 삼으면 탑 꼭대기를 바라볼 수 있어 사진을 찍기 위해서 그런 것이다.

┃ 쉐지곤 파야는 탑이 높고 거대해 상층부가 보이지 않으므로 관광객들은 구덩이의 물을 거울 삼아 탑 꼭대기를 촬영한다.

┃ 구덩이의 물을 이용해 촬영한 탑의 상층부

에야와디 강변에 있는 부 파야는 언뜻 보면 종 모양처럼 생겨 '표주박 모양의 탑'이라고도 불린다. 이 탑은 바간 유적 중에서 가장 오래된 것으로 전해진다. 바간 초기 퓨소티 왕(162~243년)이 세운 것이라고 한다. 그가 왕이 되기 전 '부'라고 하는 덩굴 식물이 강둑을 타고 올라와 온 마을로 걷잡을 수 없이 퍼져나가자 주민들의 근심거리가 되었다. 이때 청년 퓨소티가 이를 활로 쏴 모두 제거했다. 그것을 계기로 퓨소티는 타무다릿 왕의 딸

배낭여행은 처음이라서

과 결혼하게 되고, 훗날 왕이 되어 자신에게 행운을 가져다주었던 장소를 기념하여 탑을 세웠다고 한다. 원래 있던 탑은 1975년 지진에 의해 강으로 떨어져 나갔고, 현재의 모습은 그 이후 재건된 것이다. 강변에 접해 있어 일몰 보기 좋은 장소로 소문이 나서 관광객이 많이 찾고 있으며, 강으로 지는 황금빛 일몰을 보기 위해 배를 타고 강으로 나가기도 한다.

| 에야와디 강변에 있는 뷰 파야는 종 모양처럼 생겨 '표주박 모양의 탑'이라고도 불린다.

다음으로 간 곳은 마누하 파야다. 경전 필사본을 건네주지 않아 아노라타 왕과 전쟁을 치러야 했던 따톤 왕국의 마누하 왕은 결국 포로로 잡혀 와 남은 생을 민가바 마을에서 보냈다고 한다. 이 사원은 마누하 왕이 1059년 세운 것으로 다른 사원과 매우 다르다는 느낌을 받는다. 좁은 벽면에 거대한 불상이 꽉 들어차 있어 정면에서도 부처의 얼굴을 제대로 볼 수 없는 등 공간과 불상의 관계를 전혀 고려하지 않은 듯하다. 이는 포로로 끌려온 본인의 불편한 심기를 표현한 것이라고 한다. 사원 뒤로 돌아가면 27.5m의 거대한 와불이 있는데

| 마누하 파야에 있는 거대한 불상. 좁은 벽면에 꽉 차도록 만들어져 있어 포로로 잡혀온 자신의 답답함을 나타낸 것이라고 전해진다.

역시 공간을 꽉 채우고 있어 갑갑한 느낌을 준다. 경내에 놓인 시주함은 사다리를 타고 올라가 시주를 해야 할 만큼 크게 만들어 놓은 것이 특이하다.

마누하 파야 뒤편에 있는 작은 사원인 난 파야 사원은 마누하 왕의 감옥으로 사용되었던 곳이라고 한다. 이 사원은 불교 사원이 아닌 힌두교 스타일의 사원이다. 벽에는 힌두교 창조신인 브라흐마가 연꽃에 앉아 있는 모습이 부조되어 있다. 다른 사원에서 흔히 볼 수 있는 황금색 불상이나 화려한 색감의 벽화가 일절 없는 무채색 사원이다.

Ｉ바간 유적을 통틀어 가장 잘 보존된 걸작이라는 평가를 받고 있는 아난다 파야의 아름다운 모습

배낭여행은 처음이라서

아난다 파야는 바간 유적을 통틀어 가장 잘 보존된 걸작이라는 평가를 받는 사원이다. 1105년 건설된 이 사원은 인도 벵골 지방의 사원 양식과 비슷한데 당시 인도는 무슬림 세력이 확장되면서 불교가 설 자리를 잃어 많은 승려가 주변국으로 이주하면서 건축 양식이 들어왔을 것으로 추정된다. 첨탑은 1990년에 건립 100주년을 맞아 도금했다. 사원 내부에는 동서남북 각 방향에 따라 9m의 대형 입불상을 모시고 있다. 가사 자락을 늘어뜨린 입불상은 미얀마에서도 흔치 않은데 이는 부처의 자비를 표현하고 있다고 한다.

술라마니 파토는 1183년 나라파티시투 왕에 의해 건립된 사원으로 전형적인 바간 후기 건축 양식을 잘 보여 준다. 특히 사원의 외관 중 몰딩 처리된 부분의 장식이 매우 좋은 편인데 바간 유적 중 가장 아름다운 장식으로 꼽힌다. 술라마니에는 아름다운 벽화가 많이 남아 있으며, 빛이 잘 들어와 손전등 없이도 벽화를 감상할 수 있다.

담마양지 사원은 1167년 나라투 왕에 의해 건설됐으나 미완성으로 남겨진 사원이다. 바간에서 가장 큰 규모의 사원으로 3년 만에 지어졌다. 나라투 왕은 잔혹한 성격의 소유자로서 왕과 친형을 독살하고 왕이 되었으며, 왕위 찬탈을 우려하여 자기 아들과 처남까지 죽였다. 자신의 가족을 무자비하게 죽인 것을 참회하기 위해 담마양지 사원을 지었다고 한다. 공사를 감독할 때 벽돌과 벽돌 사이에 바늘을 집어넣어 틈이 발견되면 건축가와 인부의 팔을 가차 없이 잘라 버렸다고 한다. 결국 나라투는 왕위에 오른 지 3년 만에 자객들에 의해 죽임을 당했고 서둘러 공사는 마무리됐다. 동쪽과 남쪽에는 좌불이 있고 사원 안쪽에는 와불이 있다.

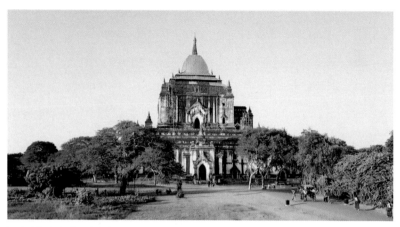

ㅣ거더팔린 파야는 에야와디 강변에 있는 높이 55미터의 사원이다. 바간에서 두 번째로 높은 사원이지만 1975년 지진으로 무너져 보수 중이다.

바간에서 마지막으로 가 본 곳은 거더팔린 파야다. 나라파티시투 왕이 짓기 시작하여 그의 아들 틸로민로 왕에 의해 1227년 완성되었다. 높이는 55m로 바간에서 탓빈뉴 파야에 이어 두 번째로 높은 사원이다. 거더팔린은 '경의를 표하는 단'이라는 뜻으로, 자신이 '모든 조상이 합체된 것보다 더 위대하고 강력한 왕'이라고 공표한 것에 대해 경솔했던 말과 행동을 뉘우치며 조상들에게 속죄하는 마음으로 이 사원을 세웠다고 한다. 이 사원은 에야와디 강변에 있어 내려다보이는 경관이 좋은데, 1975년 지진으로 크게 무너져 지금도 보수를 하는 중이라 관람이 통제되고 있다.

✦ 광활한 대지 위 일몰

하루 관광을 거의 마치고 5시 반
경에 해넘이 광경이 아주 멋진 곳으
로 안내를 해 준다고 해서 따라갔
더니 많은 탑이 군데군데 운집한
들판으로 데리고 간다. 이미 많은
사람이 해넘이 장면을 구경하기 위
해 곳곳에 있는 탑에 어떻게 들어
갔는지 올라가 있다. 가이드가 안
내한 탑으로 가니 벌써 많은 사람
이 올라가 있어 구경하기 좋은 장소
를 차지하기는 어려울 것 같은 생각
이 들자 일행 중 독일인 청년 2명은
입구에 사람이 별로 없는 탑으로
간다며 되돌아가고 우리 부부와 일
본인만 들어갔다.

올라가는 계단은 한 사람이 고
개를 숙이고 기어서 겨우 올라갈

| 일몰을 감상하기 위해 탑으로 올라가는 좁
은 계단에 지역 청년들이 작은 초를 밝혀 놓
았다.

수 있는 좁은 계단으로 되어 있다. 그 지역 청년들이 조그만 초를 밝혀
두어 길을 안내해 준다. 올라가 보니 벌써 관광객이 많이 와 있다. 먼저
온 사람들이 자리를 잡고 있지만 겨우 난간에 걸터앉을 수가 있어 자리
를 잡았다. 앞이 확 트여 있어 아무런 장애물이 없다. 광활하게 펼쳐진
대지에 키가 작은 나무들이 있고 멀리 야트막한 산으로 태양이 넘어가려
한다. 미얀마까지 와서 이런 멋진 광경을 구경할 수 있다니 행복하다. 온
대지를 붉게 물들이던 태양은 서서히 산 너머로 떨어진다. 멋진 광경에

관광객들은 탄성을 낸다. 핸드폰으로 무수히 사진을 찍는데 이런 외진 곳에서 경희의 회사 후배를 만났다. 이분도 남자 3명과 퇴직을 하자마자 한 달 일정으로 배낭여행을 왔다고 한다. 참 대단한 인연이다. 세계 어디를 가도 한국 사람이 없는 곳은 없다.

황홀한 풍경의 일몰을 감상하고 태양이 서서히 자취를 감추자 금방 주변이 어두워졌다. 촛불이 켜진 좁은 계단을 겨우 내려오니 촛불을 켜 좁은 길을 밝혀 준 청년들이 어려운 사람들을 돕는다며 기부를 하란다. 이들의 소리를 모른 척하고 그냥 지나왔다. 나오고 나서 청년들이 아니면 어둡고 좁은 계단을 올라가지 못했을 텐데 하는 생각과 함께 후회가 된다. '내가 너무 인색해졌나' 하는 생각이 들어 반성해 본다.

| 전망 좋은 탑에서 바라본 일몰 풍경

배낭여행은 처음이라서

✦ 이국의 밤 분위기

숙소로 돌아오자 선희 씨가 자기는 오전에는 좀 쉬고 오후에 이바이크를 빌려 타고 주변을 둘러보았단다. 그러면서 조금만 가면 여행자 거리가 있다며 거기 가서 저녁을 먹자고 한다. 우리는 간단히 샤워하고 걸어서 15분 정도에 있는 여행자 거리로 갔다. 바간에 여행을 온 많은 외국인이 각종 가게마다 만원이다. 대부분이 저녁과 함께 맥주를 마시며 시원한 이국의 밤 분위기를 만끽하고 있다.

우리도 돼지고기 요리 등 3가지 안주와 함께 맥주를 마시며 오늘 여행한 것과 그동안의 이야기를 나누었다. 선희 씨는 일산에 있는 중학교 수학 선생님이란다. 학기 중에는 수업과 각종 행정적인 일로 많은 스트레스가 있어 방학만 되면 해외로 여행을 다닌단다. 오래전에 항공권을 확보해 놓았기 때문에 저렴한 가격으로 여행을 다닌단다. 혼자인 데다 영어와 인터넷 등이 능통하다 보니 별 어려움 없이 여행을 다니는 것 같다. 우리도 이번 기회를 통해 해외 배낭여행에도 자신감이 생겼다. 선희 씨는 오늘 5천 짯을 주고 한나절 이바이크를 빌려서 바간 이곳저곳을 둘러보았다고 한다.

밤이 깊어가자 그 많던 여행자들도 하나둘 가게에서 사라진다. 우리도 처음 발길을 디딘 미지의 땅인 미얀마에서 맥주를 마시며 취해 간다. 기분이 좋다. 우리 부부가 자력으로 바간까지 와서 맥주를 마시다니 스스로가 자랑스럽다. 오늘 바간 시내 주요한 파고다를 대부분 둘러보았기 때문에 내일은 이바이크를 빌려 타고 시내를 둘러보아야겠다.

Day 22

이바이크를 타고 바간 둘러보기

✦ 오전 일정: 방콕으로 갈 준비

느긋하게 일어나 어제 만났던 선희 씨와 함께 호텔 식당에서 아침을 먹었다. 어제에 이어 오늘 아침도 푸짐하게 나온다. 그동안 숙소 조식으로 먹었던 것은 겨우 빵과 커피 한잔과 바나나가 전부인데 이곳은 빵과 밥과 달걀부침, 파인애플, 수박, 주스 등은 기본으로 준다. 그리고 추가로 더 달라면 또 준다. 푸짐하다. 식당의 종업원들도 모두 가족들로 구성되어 있는 것 같다. 식당 벽에는 할머니부터 어머니 등 친척들의 가계도와 사진이 게시되어 있다.

옆 테이블에서 식사하는 한국인은 4일 전에 미얀마 만달레이로 자전거를 가지고 들어왔는데 미얀마 남단까지 가서 태국으로 들어갈 예정이라고 한다. 집 짓는 일을 하는 분인데 겨울이면 일이 별로 없어 자전거를 타고 세계 곳곳을 여행한다고 한다. 대단하다는 생각이 든다. 자전거도 평범한 자전거가 아닌 거의 누워서 타는 자전거란다. 한국 사람들도 많이 만나지만 참 다양한 부류의 사람들이 있다.

아침 식사 후 숙소에서 내일 만달레이로 갈 버스표를 예약했다. 아침 9시 출발이며, 요금은 1인당 9,000짯이다. 만달레이에서 여행하다가 공항에 갈 때 함께 가면 비용을 아낄 수 있으므로 선희 씨와 같이 가기로 했다. 젊은이들은 해외여행을 오면 대단히 알뜰히 여행한다. 가능한 한 택시나 보트 등을 탈 때 숙소 등에서 동행인을 구해 함께하려고 하는 것

배낭여행은 처음이라서

같다. 부킹닷컴에 들어가서 선희 씨가 예약한 만달레이의 숙소를 검색했으나 마땅한 방이 없어서 인근의 호텔을 예약했다.

만달레이는 별로 볼 것이 없다고 하여 하루 정도 여행을 더 하고 25일 방콕으로 가는 항공권을 예약하기로 했다. 그러나 핸드폰의 스카이스캐너 앱으로 예약을 시도했는데 잘 되지를 않는다. 노트북을 켜고 다시 시도했지만 이마저도 쉽지 않다. 50달러 하는 항공권이 있어 부킹을 시도했으나 잘되지 않아 전원을 껐다가 다시 시도했더니 그사이 비용이 올라갔다. 출발을 앞두고 임박해서 예약하니 가격도 높다. 선희 씨의 도움을 받아 겨우 예약했다. 선희 씨 아니면 예약하기가 곤란할 수 있었을 것이다. 세금 등을 포함하여 두 명이 239.7달러다. 많은 것을 배운다. 미리미리 예약하거나 좀 여유를 갖고 예약을 해야겠다는 생각이 든다.

✦ 오후 일정: 이바이크 드라이브

방콕으로 갈 모든 준비를 마치고 12시경 숙소를 나와 길 건너 앞 대여소에서 5,000짯을 주고 이바이크를 빌렸다. 처음 타 보는 것이라 잠깐 주변을 돌며 연습을 해 보았다. 운전할 만했다. 이바이크는 조그만 크기의 오토바이로 기름을 넣는 대신 충전을 해서 운행하는 것이다. 선희 씨와 헤어져 오토바이를 타고 큰길을 따라 20킬로미터 정도의 속도로 길가 쪽을 달렸다. 커피도 마시고 싶었던 데다 점심시간이 되어 괜찮은 레스토랑을 찾고 있는데 관광객 여러 명이 앉아 있는 식당이 보여 이바이크를 세우고 자리를 잡았다. 그동안 많이 먹어 봤지만 최근 며칠 동안 못 먹었던 쌀국수를 시켰다. 쌀국수가 그동안 먹었던 것보다 좀 더 품위 있어 보였는데 매운 고춧가루를 넣지 않아서 그렇게 맛있지는 않았다. 맥주 한 캔을 시켜 마시니 너무 행복하고 평온하다.

ㅣ시내 관광을 다닐 때 타고 다닌 이바이크와 작가 부부

　그동안 일행과 헤어져 심적으로 좀 심란했었는데 이제 평온을 되찾은
것 같다. 식사 후 야외 탁자에서 커피를 한잔 마시며 그동안 밀린 일지를
정리하고 오후 일정을 세웠다. 오토바이를 타고 다녔더니 더웠는데 시원
한 레스토랑에 앉아 있으니 기분이 좋다. 아직도 매우 서툴지만 이제 우
리 부부끼리 배낭여행을 하는 것에도 어느 정도 자신감이 생긴다.

　점심을 먹고 한참을 쉬면서 여유를 즐기다 3시가 좀 지나서 레스토랑
을 출발하여 숙소 근방으로 돌아왔다. 마침 재래시장이 열린다는 말을
듣고 바간의 구시장을 향해 달렸다. 시장은 5시에 폐장을 하는 관계로 4
시경에 도착했더니만 벌써 문을 닫은 가게도 많이 있다. 시장은 좁은 골
목을 따라 다닥다닥 붙어 있다. 채소, 과일, 옷, 특산물 등 가지각색의 가
게들이 있다. 한번 훅 둘러보았다. 마땅히 살 것도 없고 또 관광객이나
다른 사람들도 별로 보이지 않아 썰렁하다.

배낭여행은 처음이라서

멈춰 버린 이바이크

재래시장을 둘러본 후 세워 두었던 오토바이의 시동을 거니 잘 걸리지를 않는다. 주변의 사람들에게 물어보니 가르쳐 주면서 배터리가 많지 않다며 충전을 해야 한단다. 다시 처음 오토바이를 빌렸던 장소에 와서 왜 시동이 잘 걸리지 않는지 물어보니까 배터리는 충분하다며 시동 거는 방법을 잘 몰라서 그렇단다. 방법을 다시 알려 주면서 일몰을 보러 갈 장소인 부파야 파고다까지는 충분히 다녀올 수 있단다.

조금 달리는데 오토바이 가게에서 충전에는 문제없다고 하던 그 사람이 오더니 자기가 일몰 볼 수 있는 좋은 장소를 알려 주겠다며 따라오란다. 이야기를 들어 보니 어제저녁에 우리가 일몰을 보았던 장소인 것 같다. 어제 구경했다고 하니 그냥 가 버린다. 친절을 베푸는 것처럼 하지만 따라갔다가는 수고비를 달라고 할 확률이 높으니 조심해야 한다.

선상의 일몰

부파야 파고다까지 가는 길은 서쪽이라 넘어가는 태양을 맞으며 달렸다. 20분 정도 달려 도착하니까 주변에 있던 사람들이 보트를 타고 강 한가운데로 나가 일몰을 보지 않겠느냐고 물어본다. 안 본다고 하고 파고다에 올라갔다. 올라가 보니 보트를 타고 강에 나가서 일몰을 보는 것이 더 멋있을 것 같았다. 가격이 얼마냐고 물으니까 1만 2천 짯을 달란다. 너무 비싸다고 했더니 8천 짯까지 해 주겠단다.

5시 반이 넘자 태양은 서쪽 하늘 아래쪽에 걸려 있다. 오늘 거의 마지막 손님인 우리를 잡지 못하면 하루를 공치는 것이니 좀 싸게 해서라도 손님을 모시고 가는 것이 좋다고 판단한 모양이다. 젊은 선장은 콧노래를 부르며 배가 매여 있는 선착장으로 우리를 데리고 간다. 선착장에는 선장의 아버지가 배를 지키고 있다가 우리를 안내한다. 우리 두 명만 태

| 부파아 파고다 앞 이라와디 강 선상에서 바라본 일몰 광경

우고는 일몰 보기 좋은 장소를 찾아 강 중앙을 지나서 많은 배가 벌써 와서 자리를 잡은 곳으로 간다. 20여 척 이상의 배들이 시야를 가리지 않게 자리를 잡고 있다. 우리 배도 좋은 장소를 찾아 자리를 잡았다. 많은 사진을 찍었다. 강에 비치는 태양은 너무 멋있다. 야트막한 산 주변은 옅은 구름이 끼어 있지만 태양을 완전히 가리지는 못했다. 붉은 태양의 빛이 강물에 반사되어 강물도 불그스름하다. 이런 풍경을 볼 수 있으니 사람들이 강으로 몰려오는 모양이다. 배를 타고 강 중앙으로 한참을 온 데다 아버지와 아들이 우리 두 사람만 손님으로 맞아 오늘 수입이 8천 짯이면 우리 돈으로 5천 원 정도밖에 안 될 것 같아 미안한 생각이 들었다. 배에서 내리면서 1만 짯을 주면서 2천 짯은 팁이라고 하니 고마워한다.

오늘 하루 여행한다며 바이크를 타고 돌아다녀서 그런지 목이 말라 부둣가에서 코코넛 즙을 마시니 너무 맛있다. 돌아오는 길은 해가 뉘엿뉘엿해서 시원하다. 상쾌한 바람을 쐬며 오는데 금방 어두워진다. 이바이

배낭여행은 처음이라서

크의 라이트 켜는 방법을 몰라 겨우 한쪽 깜빡이만 계속 깜박거리며 어두운 길을 달렸다. 여기 도로는 중앙선도 없는 도로인 데다 바깥쪽은 포장도 안 되어 있고 차량과 바이크가 같이 다니는 도로라서 매우 위험하다. 해외여행 와서 사고를 당하면 낭패이니 조심하는 것이 최우선이다.

아침에 이바이크를 빌렸던 장소에 오니 아무도 없어 그냥 두고 갈까 생각하다 만약에 없어졌다고 하면 곤란할 것 같아 좀 더 기다리자 주인아주머니가 나온다. 키를 반납하고 숙소에 오니 아침에 널어 두었던 내의와 청바지 등이 잘 말랐다. 그동안 햇볕이 없어 빨래 하기가 어려웠던 청바지도 오랜만에 햇볕에 말렸다.

✦ 오랜만에 느끼는 여유

선희 씨와 저녁을 같이 먹기로 했는데 미얀마 돈을 보니 부족할 것 같았다. 카운터에 환전소가 어디 있느냐고 물어보니 여행자 거리에 있다고 하여 걸어갔다. 1달러에 1,520짯으로 바꾸어 준다. 은행인데도 좀 박하게 계산해 준다. 지난번 인레 호수 부근 파고다 옆에 있던 환전소에서는 1,550짯으로 바꾸어 주었는데 거기보다 거의 30짯을 적게 주는 것이다.

어제와 같이 선희 씨를 여행자 거리에서 만나 거리를 돌아다니며 구경을 하다 식당에 들어갔다. 여행자 거리는 각국의 관광객들로 북적거린다. 미얀마 요리 3가지와 맥주를 시켜 시원한 야외에서 식사하니 기분이 너무 좋다. 2시간에 걸쳐 이런저런 이야기를 하며 식사를 했다. 오늘 오전에 선희 씨가 항공권을 예약할 때 많이 도와준 데 대한 보답으로 식사비 1만 8천 짯은 우리가 냈다.

미얀마 바간에서의 마지막 밤이다. 너무 많은 파고다를 보아 파고다에 질릴 정도다. 몇백 년 전에 이렇게 많은 사원을 짓는다는 것은 엄청난 경비와 노력 없이는 불가능했을 것이다. 아름답고 멋진 유적들이 예산이 부족해서인지 아니면 유적이 너무 많아 그런지 대부분이 보수도 하지 못하고 무너진 채 방치되어 있어 안타깝다. 올드 바간에는 수도 없이 많은 탑과 사찰이 있다. 마을 곳곳뿐 아니라 도시 전체에 탑이 산재해 있다.

많은 시민은 꽃을 사서 부처님 앞에 바치거나 금박지를 사서 부처상에 붙이고는 엎드려 절을 하면서 기도를 한다. 외국인 관광객도 시주를 하기도 한다. 대부분 사찰에 들어갈 때는 신발과 양말을 벗은 다음 맨발로 파고다 안에 들어가야 한다. 너무나 많은 사람이 들락거려서 모래나 먼지 등이 많아 깨끗하지 않지만 괘념치 않는다. 미얀마 사람들의 부처님을 향한 존경심은 대단하다. 대부분 집이나 가게 등에 조그만 부처님을 모셔 놓고 음식과 과일, 꽃 등을 바친다.

오늘은 더운 날씨에 이바이크를 타느라 먼지가 많은 도로를 돌아다녔다. 그렇지만 쉬엄쉬엄 다녀서 그런지 오랜만에 여행하면서 여유를 가져 본다. 행복하다.

배낭여행은 처음이라서

만달레이 우베인 다리에서
낙조에 취하다

✦ 미얀마의 아침 풍경

　아침 식사 후 7시 30분쯤 거리를 나가 보니 주민들은 자기 가게 앞 길거리를 쓸고 있으며, 맞은편에 보이는 학교에서도 학생들이 운동장을 빗자루로 쓸고 있다. 등교하는 여학생들은 양 볼에 네모나게 흰 밀가루 같은 것을 바르는데, 이는 백단나무 가루로 강력한 태양으로부터 피부도 보호해 주고 시원해지는 느낌을 받을 수 있어 일부 남학생도 바르기도 한다. 머리를 깎은 동자승이 조그만 솥단지처럼 생긴 발우를 들고 맨발로 길거리를 다니는 것도 보인다. 미얀마는 베트남이나 라오스 혹은 태국보다 시간이 30분이 늦어 우리나라보다는 2시간 30분이 늦다.

▎동자승들이 이른 아침에 맨발로 발우를 들고 길거리를 지나고 있는 모습

아침 식사 후 짐을 챙겨 만달레이로 떠날 준비를 한 후 카운터에서 이틀 숙박비로 44달러를 지급한 다음 숙소로 온 뚝뚝이를 타고 터미널로 갔다. 우리가 타고 갈 버스는 대형 버스가 아닌 중형 버스로 9시에 출발했다. 오토바이도 한 차선을 차지한 채 유유히 달린다. 이를 추월할 때도 무리하게 하지 않고 여건이 되면 경적을 울려 경각심을 준 다음 한다. 개들이 길거리를 자유스럽게 오간다. 목줄을 하여 묶어두는 개는 본 적이 없다. 그래서 그런지 개들도 매우 순하다. 에야와디 강변이라 미세한 흙먼지가 대단히 많다.

✦ 만달레이행 완행버스

중간중간에 손님이 있으면 태우는 완행버스인데, 처음 출발할 때는 승객이 삼분의 일 정도만 타고 있었다. 따가운 햇살이 비쳐서 커튼을 치고 운전사 맞은편 맨 앞좌석에 앉았다. 시원하게 달리며 넓게 펼쳐진 시골길을 잘 보기 위해서다. 도로변에는 코코넛 나무가 줄지어 서 있고, 중앙분리 차선도 없는 이차선이다.

미얀마 북부 지역 사람들은 인도인과 많이 닮은 것 같다. 인도와 국경을 접한 국가라서 그런가 보다. 피부색이 이웃 나라인 태국이나 라오스보다 검다. 특히 발이 검다. 맨발로 다니는 사람도 많다. 길거리에는 과일이나 식당 같은 노점도 많다. 개들은 전혀 사람이나 차를 의식하지 않고 다닌다. 코코넛 나무가 많아서 그런지 사람 머리통만 한 것이 1천 짯이다. 일상적인 신발이 슬리퍼다. 아침에는 두꺼운 점퍼에 털모자까지 쓰고 다닌다.

도로 양쪽은 넓은 평원이다. 도로를 따라 단선의 철길도 놓여 있다. 다리 위를 달릴 때는 기차와 차량이 같이 다닌다. 그것도 1차선 도로다. 기차 통행이 잦지 않으니 가능하리라 생각된다. 소 떼를 몰고 다니며 목축

배낭여행은 처음이라서

을 하는 모습도 보인다. 남에서 북쪽으로 버스는 달린다. 운전석 옆자리 제일 앞에 앉아 있으니 시원하고 전망이 탁 트여 좋다. 오른쪽 뺨에 햇볕을 받으며 바간에서 만달레이를 향해 시골길을 달려간다. 남자도 큰 천을 치마처럼 두르고 다닌다.

1시간 30분을 달렸는데 '민지안'이라는 소도시를 지난다. 구글 지도를 보니 아직도 2시간 30분 정도를 더 달려야 하는 것으로 되어 있다. 승객을 몇 명 더 태운다. 보이지 않던 철길을 민지안에서 또 만났다. 중간 주유소에 서더니 화장실 다녀올 기회를 준다. 도로 확장 공사를 하는 모습도 군데군데 보인다. 수십 년도 더 되어 보이는 아름드리 가로수 터널도 지난다. 여인이 바나나 등 과일을 한 바구니 들고 도로가에서 손을 들어 차를 세우자 차장이 뛰어 내려가 바구니를 들어 차에 실어 준다. 내가 어릴 때 보았던 시골 풍경이다. 여기 소들은 흰색의 소다.

우리가 탄 버스는 외국인 관광객 9명을 태우고 바간 터미널에서 출발했다. 각 숙소를 돌면서 태워 온 것이다. 우리 3명, 중국인 40대 여자 3명, 예쁘장한 30대 일본 여자 1명, 마지막으로 중국인으로 보이는 20대 부부다. 중국인 부부 중 여자는 키가 150㎝도 안 되어 보이고 가냘프게 생겼는데 남자는 180㎝에 몸무게가 100㎏도 넘어 보인다.

우리 9명을 태운 버스는 오는 도중에 주민들을 태워서 20인승 미니버스를 거의 가득 채웠다. 오른쪽에서 들어오는 햇볕이 따갑다. 우리나라는 1월 중순이면 한창 추울 텐데 더위를 느끼며 여행을 하다 보니 한국이 겨울이라는 것을 전혀 실감하지 못한다. 길가에는 흰 소 두 마리가 끄는 달구지도 보인다.

도로가 아스팔트로 포장은 되었지만, 노면이 울퉁불퉁하여 매우 흔들거린다. 2시간 반을 달려 '나토지'라는 곳에 도착했다. 거리 중간중간에 차단기를 만들어 놓고 돈을 걷기도 하고, 버스 정류장 부근 길거리에 사람들이 냄비 같은 것을 들고 흔들며 노래를 부른다. 냄비 안에는 동전과 지폐가 들어 있다. 도와달라는 것인지 잘 모르겠다. 행색이 남루한 것도 아닌데.

3시간 이상 온몸에 햇볕을 받으며 달리니 뜨겁고 덥다. 버스는 만원인 채로 달린다. 12시경 피인시(Pyinsi) 휴게소에서 20분 정도 정차를 한단다. 우리는 치즈 빵을 몇 개 사서 선희 씨가 가지고 온 사과 하나를 곁들여 점심을 대신했다. 휴게소에 있는 음식에 파리들이 앉아 있어 사 먹을 기분이 안 난다. 여자들은 바구니에 식품을 담아 휴게소에서 대기하고 있는 승객들에게 다가가 사라고 권유를 하지만 관광객들은 음식의 위생상태가 지저분하니 살 생각이 별로 없는 것 같다.

화장실에 다녀와서 조금 쉬더니 곧 버스가 출발한다. 여기서부터는 버스가 90도로 방향을 꺾어 고속도로로 진입하여 달리기 시작한다. 달리는 방향도 달라졌지만, 정오라서 그런지 햇볕이 들어오지 않아 시원하다. 또 4차선의 시멘트로 포장된 깨끗한 직선도로다. 도로의 끝도 보이지 않을 정도로 긴 일직선 도로다. 구글 지도에서 찾아보니 아직 1시간 정도 걸린다는데 가 봐야지 알 것이다. 주변을 둘러보아도 산이 보이지 않는 넓은 평원이다. 도로의 높낮이는 좀 있지만, 저 지평선 끝까지 일직선이다. 아프리카 사막의 한가운데를 달리는 것 같다. 양곤에서 만달레이를 오가는 고속도로다.

우리를 태운 자동차는 90킬로미터 정도로 정속 주행한다. 고속도로 주변은 겨울이라 그런지 아직 농사를 짓지 않는 농토와 키가 큰 코코넛 나무와 키 작은 나무만 보이고 띄엄띄엄 농가와 풀을 뜯는 소들만 한가로이 보일 뿐이다. 대평원이다. 키 작은 해바라기 밭도 가끔 보인다. 또 곳곳에 황금색 사원도 보인다. 40분 정도 일직선 도로를 달리자 톨 게이트가 나타난다. 만달레이로 들어가는 요금소를 지나니 공항이 8㎞라는 간판이 보인다.

✦ 만달레이의 낙조

오후 1시 20분경에 만달레이 버스 터미널에 도착했다. 예상보다 일찍 도착한 것이다. 터미널에 내려 송태우로 갈아타니 각 숙소까지 데려다준다. 숙소까지 가는 비용을 지급했기 때문에 송태우 기사는 여행객들의 숙소를 확인하고는 순서대로 호텔을 돌면서 내려 준다. 우리와 함께 왔던 선희 씨와는 숙소가 달라 헤어졌다. 숙소에서 체크인하고 25불을 지급했다. 여행용 가방을 방에 가져다 놓고 선희 씨와 만나기로 한 쌀국수집을 호텔에서 얻은 지도를 가지고 주소를 확인하며 찾아갔다. 만달레이는 도로가 일직선으로 되어있는 데다 도로번호가 붙어 있어 길 찾기가 좀 편한 편이다. 점심을 먹고 만달레이에서 제일 유명한 우베인 다리에 가서 일몰을 보고 오는 데 1만 5천 짯을 주기로 하고 자가용 택시를 탔는데 30여 분도 채 지나지 않아 도착했다.

수많은 사람이 벌써 다리를 건너가기도 하고 조그만 보트를 타고 일몰을 보기 위해 강에서 기다린다. 대단한 광경이다. 겨우 1.7킬로미터 되는 오래전에 만든 나무로 된 다리와 강과 일몰이 있을 뿐인데 세계 각지에서 이렇게 많은 관광객을 불러 모으는 매력이 있다니 부러울 뿐이다. 우리나라도 참 아름다운 곳이 많은데 왜 이렇게 관광객을 불러 모으지 못할까? 이런 곳을 보고 아이디어를 내어 벤치마킹하는 등 고심을 해 볼 필요가 있을 것 같다.

철도 침목처럼 생긴 나무로 된 다리를 건너면서 많은 사진을 찍었다. 멋지다. 폭이 3m 정도 되는 다리를 건너는데 관광객들이 많아 다니기가 어려울 정도다. 다리를 구경하기보다는 관광객을 구경한다는 것이 맞는 말인 것 같기도 하다. 다리 중간쯤에 오니 조그만 섬이 있어 내려갔다. 이곳에도 관광객들이 벌써 자리를 잡고 있다. 나무다리를 중심으로 다리 위에 있는 사람, 다리 밑 강에서 보트를 타고 있는 사람, 우리처럼 다리

아래 섬에서 다리 밑으로 떨어지는 태양을 보려는 사람 등 가지각색이다. 이곳에도 사진 찍기 좋은 일몰 포인트에는 벌써 관광객들이 자리를 잡고 있다. 나도 그사이를 비집고 들어가 겨우 사진을 찍다가 잠깐 다른 광경을 촬영한다고 옮겼더니만 어느새 그 자리를 다른 사람이 차지하고 있다.

기다란 나무다리도 일품인데 다리 교각 사이 저 멀리 야트막한 야산 위로 넘어가는 태양의 모습은 더욱 멋있다. 호수 위에는 수많은 배가 일몰을 감상하기 위해 떠 있다. 만달레이에는 이 일몰 광경을 보기 위해 많은 관광객이 모여든다. 최고의 관광 상품인 것이다. 6시가 좀 지나자 태양은 교각 사이의 저 멀리 보이는 야산의 나무 사이로 넘어간다. 넘어간 뒤의 하늘은 불그스름하게 빛난다. 나무다리 교각 사이로 보이는 태양은 색깔이 붉은 데다가 크기도 엄청나게 크게 보인다. 오늘처럼 크고 붉은 태양은 처음 보는 것 같다.

어디에서나 볼 수 있는 일몰임에도 나무다리 교각 사이로 넘어가는 태양이 이렇게 멋있다니. 또 이렇게 많은 사람이 일몰을 보기 위해 몰려든 것도 참 대단한 광경이다. 어떤 관광객들은 의자에 앉아 맥주를 마시며 여유를 즐긴다. 탄성을 내며 일몰을 감상하다 해가 멀리 있는 야트막한 산으로 넘어가자 이제 하나둘 흩어진다. 사람들이 자리를 뜨자 코코넛을 하나씩 사 갈증을 해소했다. 워낙 큰 코코넛이라 하나를 다 먹기도 어려울 정도다. 의자에 앉아 갈증을 해소하며 여유를 즐기다 다시 나무다리를 건너 넘어왔다. 주변은 온통 관광객들을 대상으로 하는 가게가 즐비하다.

태양이 서산으로 넘어가자 관광객들은 썰물처럼 빠져나간다. 우리도 그 물살에 휩쓸려 다리를 건너오자 택시 운전사는 2시간 정도 기다리다 우리가 오기를 고대했는지 금방 우리를 알아본다. 다시 숙소로 돌아오면

배낭여행은 처음이라서

서 운전사와 내일 오후 4시에 숙소에서 만나기로 했다. 만달레이 공항까지 태워주는 데 14,000짯을 주기로 약속을 했다.

| 우베인 다리 교각 사이로 넘어가는 태양과 그 위를 거니는 관광객 모습

✦ 젊은이들의 여행 방식

우리 숙소 근방에 오자 멋진 레스토랑이 있어 아시안 치킨과 피자에 맥주 2병을 시켰다. 두 음식 모두 먹을 만하다. 3명이 시원한 미얀마 맥주를 마시니 너무 맛있다. 미얀마 맥주는 요즈음 경품 행사를 하고 있어 병뚜껑 속에 경품 내용이 적혀 있다. 어제저녁에는 500짯이 적혀 있어서 나중에 계산할 때 500짯을 할인하고 계산을 하였다. 오늘은 'Beer free' 와 '1,000짯'이 나왔다. 맥주 1병과 1,000짯을 준다는 이야기다. 종업원에게 이야기를 했더니 자기들 레스토랑에서는 이 행사에 참여를 안 하기 때문에 경품을 줄 수 없다는 것이다. 좋다가 말았다. 세 사람이 배불리 먹고 맥주까지 마셨는데 3만 짯이다. 우리나라와 비교하면 대단히 저렴하다. 점심을 선희 씨가 샀기 때문에 저녁은 우리가 냈다.

일행과 같이 다니니 경비가 절감된다. 택시를 타도 총 금액을 1/n로 하니 누이 좋고 매부 좋다. 식당이 우리 숙소 근방이라 선희 씨와 숙소 앞에서 헤어졌다. 선희 씨 숙소는 걸어서 10분 정도 가야 한단다. 우리가 나이가 더 들었으니 배려하여 우리 숙소 근방의 식당에서 식사한 것이다. 고맙다. 그런데 처녀 혼자 밤길을 가게 한다는 것이 신경 쓰이는데도 자기는 길을 잘 알기 때문에 괜찮다면서 구글 지도를 보며 찾아간다. 요즈음 젊은이들은 용기 있고 거침이 없다. 대단하다.

어제 아침에도 숙소에서 식사하고 산책하러 가기 위해 문을 나서는데 어떤 젊은 여자가 우리보고 한국인이냐고 물어본다. 그러면서 아주 반가워한다. 그래서 왜 입구에 쪼그리고 앉아 있느냐고 물으니 숙소 로비에서는 금연이라 담배를 피울 수 없어 그렇단다. 그러면서 자기는 인도에서 혼자 배낭여행을 마치고 미얀마로 왔단다. 여자 혼자 배낭 하나를 메고 전 세계를 누빈다니 대단하다는 생각이 든다. 우리의 젊은 시절과는 생각과 행동이 완전히 다르다. 우리와 일시적으로 동행하고 있는 선희 씨도

배낭여행은 처음이라서

관광지를 갈 때 인터넷을 검색해 보고 그곳을 방문하는 여행객들의 카페를 활용한단다. 이 카페에서 동행인들을 찾아 보트를 탄다거나 공항이나 관광지로 이동할 때 함께하면 1/n로 비용을 나누기 때문에 많이 절약할 수 있단다. 우리도 배낭여행을 다니려면 이런 것도 알아야 할 것이다. 나이 많다고 끼워 줄는지 모르겠지만….

그저께 인레 호수를 관광하기 위해 낭쉐에서 저녁에 맥주 마시러 갔을 때 보았던 젊은이들을 우베인 다리에서 일몰 볼 때도 만났다. 그사이 멤버들은 바뀐 상태다. 관광지를 가면서 인터넷이나 숙소에서 서로 만나 동행을 하는 것이란다. 아버지 같은 나이지만 이들과 동행하게 되어 감사하고 또 고맙다.

숙소에 들어와 샤워하고 나니 많이 피곤하다. 4시간 반가량 털털거리는 시골 버스를 타고 바간에서 온 데다, 쉬지도 않고 또 택시를 타고 우베인 다리 일몰을 감상한다며 한참을 돌아다니다 저녁에 맥주를 마셨더니 그런 모양이다. 일지를 정리하다가 너무 피곤하여 마무리하지 못하고 잠들었다.

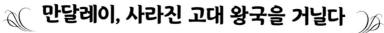

Day 24

만달레이, 사라진 고대 왕국을 거닐다

✦ 한국인이 많은 만달레이

아침 식사를 하러 6층 식당으로 갔다. 전망이 좋다. 식사도 빵과 누들, 바나나, 커피, 주스, 계란프라이 등 다양하다. 7~8명이 식사하는데 바로 옆 좌석에 한국인 젊은 여자 2명이 식사를 한다. 우리가 20일 이상 여행을 하면서 한국인들을 만나지 않은 곳이 없다. 숙박지나 관광지 어디를 가든지 만날 수 있다. 우리의 국력이 그만큼 많이 성장했다는 것이리라. 6층이라 전망이 좋아 전경 사진을 몇 컷 찍었다.

어제 체크인하는데 카운터 아가씨는 여권을 보고 상세히 기재를 하더니 어디로 와서 어디로 가는지까지 묻고는 사인을 하란다. 사회주의 국가라 그런지 철저하다는 생각이 든다.

✦ 만달레이 왕궁

9시 20분 호텔을 출발하여 왕궁 주변으로 갔다. 왕궁은 민돈 왕에 의해 1857년에 지어졌다. 왕궁이 완성되자 민돈 왕은 아마라뿌라에서 수도를 만달레이로 천도하고 이곳으로 거처를 옮겼다. 왕궁 주변 사방에는 해자가 조성되어 있다. 물로 둘러싸여 있는 주변을 1시간 정도 걸어 왕궁 입구에 도착하여 입장권을 끊고 내부로 들어가 1시간 정도 관람했다. 왕궁에는 동서남북 네 방향으로 출입구가 있지만, 관광객은 동쪽 문으로만 들어갈 수 있다. 해자에는 청소 보트가 다니면서 낙엽 등 부유물을 수거

배낭여행은 처음이라서

하는 것이 특이하다. 왕궁에 들어가는데 지역 관광 입장료를 1인당 1만 짯을 내라고 한다.

왕궁 규모는 엄청나다. 한 변의 길이가 2㎞인 정사각형의 왕궁이다. 왕궁 바깥에는 폭 70m, 깊이 3m의 해자를 만들어 적의 침입을 어렵게 만들었으며, 왕궁을 둘러싼 성벽의 높이는 8m, 성벽의 두께는 3m다. 또 왕궁 벽에는 외부에서 적이 침입할 경우 이를 방어하기 위해 총을 쏠 수 있는 시설이 만들어져 있다. 왕궁 입구에서 왕궁까지 가는데도 10여 분 걸어야 할 정도로 멀다. 내부에서 군인들이 경비하는지 군인들의 모습이 보이고 군악대들이 연주하며 행진하는 연습을 하기도 한다.

1885년 영국은 제3차 미얀마-영국 전쟁을 일으켜 왕궁을 점령하고 띠보 왕을 추방한 후 왕궁을 주지사 관저와 영국인 클럽으로 이용하였다. 그 후 제2차 대전 중인 1942년 일본군에게 함락되어 군사보급창으로 사용하다가 1945년 3월 20일 불을 질러 잿더미로 만들어 버렸단다. 이런 큰 규모의 빛나는 문화재를 아무리 전쟁 중이라지만 불질러 영원히 볼 수 없도록 만들다니 너무나 안타깝다. 일본 관광객들이 와서 이 이야기를 들으면 기분이 어떨까 생각해 본다. 한동안 방치되어 있던 왕궁은 미얀마 정부가 주권 회복의 상징으로 1990년 복구 작업을 시작해 지금의 모습을 갖추게 되었다. 과거 왕실 건물은 총 114채였으나 현재는 64채만 복원되었다. 그러나 큰 특징 없이 외벽만 나무로 되어 있고 내부는 넓은 홀 형태로만 만들어 놓아 모조품처럼 썰렁하고 마룻바닥이 뒤틀리는 등 엉성하다. 지붕도 함석판을 올리고 그 위에 짙은 나무색을 칠했다. 왕궁 한편에는 나무계단을 달팽이처럼 빙빙 돌면서 121계단을 올라가면 33m 높이의 전망대가 있다. 나무로 만들어 놓아 좀 불안한 것처럼 보이지만 전망대에 올라가면 왕궁과 주변이 다 보인다. 복원해 놓은 규모도 대단하다.

| 33미터 높이의 나무 전망대에서 바라본 만달레이 왕궁 모습

만달레이 언덕

11시 30경 관람을 마치고 왕궁 안에 대기하고 있는 택시기사와 흥정하여 2시까지 1만 5천 짯을 주기로 하고 주변 시내 관광지를 돌아보기로 했다. 처음에는 걸어 다니려고 했지만, 날씨가 더워 걷기가 힘들 것 같아 택시를 대절했다. 만달레이 언덕도 가까이 있다고 했는데 택시를 타고서 꼬불꼬불한 길을 한참 올라간다. 걸어서는 도저히 안 될 것 같은 코스다. 택시에 내려서도 에스컬레이터를 3번이나 옮겨 타며 올라가야 할 정도로 높은 곳이다. 만달레이 시가지가 훤히 내려다보인다. 여기에도 사찰과 불상이 있다.

두 사람이 입장료 2천 짯을 내고 들어갔다. 언덕 정상에 올라가면 화려한 '수타웅파이 파야'가 있고, 시내 주변도 다 내려다보인다. 가까운 주변에 골프장도 두 곳이나 있다. 사원 한편에는 코브라 형상을 만들어 놓고 입에다 돈을 끼우고는 코브라 머리를 쓰다듬는다. 코브라 상에도 만달레인 언덕의 창건 설화가 전해진다고 한다. '우 칸티'라는 승려가 이곳에

배낭여행은 처음이라서

탑을 세우기로 하고 명상을 하고 있었는데 근처 산에서 네 자매가 나타나 재물과 코브라를 보내 만달레이 언덕의 건립을 도왔다고 한다. 나라 곳곳에 절과 불상이 세워져 있다. 국민의 불심이 대단하다는 것을 실감한다. 사찰에 들어올 때 입장료를 냈는데도 화장실을 가려니까 또 사용료를 내란다. 내국인들은 그냥 가는데 외국인이라 그런 모양이다. 먼지를 많이 마셔서 그런지 아니면 에어컨 바람을 쐬어서 그런지 목이 칼칼하다.

| 만달레이 언덕에서 바라본 시가지 모습과 그 주변에 보이는 골프장

✦ 구도도 파야

만달레이 언덕을 내려오자 기사는 구도도 파야에 택시를 세워 준다. 이곳은 민돈 왕에 의해 1859년 세워진 것으로 세계 불교에서 매우 중요한 의미가 있다. 불교에서 중시하는 '경전 집결'이 개최된 곳이다. 경전 집결은 부처 사후에 각기 해석되던 경전의 오류를 바로잡기 위한 모임이다. 민돈 왕은 제5차 경전 집결에서 채택된 내용을 729개의 흰 대리석판에 새겨 사각으로 된 흰색의 탑 안에 보관해 두었다. 돌에 새겨진 세계에서 가장 큰 책으로 알려져 있다. 석판에 불경을 새기는 작업은 1860년 시작되어 1868년에 마무리되었는데, 2,400여 명의 승려가 쉼 없이 이어 읽기를 한 결과, 6개월이 다 되어서야 끝났다고 한다. 흰 대리석으로 만든 경판은 작고 흰 스투파 안에 하나씩 세워져 보관되어 있는데, 1만 6천여 평의 대지에 줄지어 빛나는 흰 스투파의 풍경은 아주 인상적이다.

Ⅰ 구도도 파야에는 729개의 흰 스투파 안에 대리석에 새겨진 불경이 보관되어 있다.

✦ 쉐난도 짜웅

또 얼마 떨어지지 않은 곳에 쉐난도 짜웅이라는 건축물이 있었다. 티크 나무로 아름답게 지어진 이곳은 민돈 왕과 왕비가 거주했던 건축물로 원래 만달레이 왕궁 안에 있었다. 민돈 왕 사후에 그의 아들인 띠보 왕은 선왕의 뜻에 따라 건축물을 해체해 현재 위치로 옮겨 지어 지금은 수도원으로 이용되고 있다. 한때 건물 전체가 도금되어 있었다는 사실을 입증하듯 내부에는 군데군데 벗겨진 도금 흔적과 벽과 지붕에 장식된 조각 문양을 통해 당시 만달레이 왕궁이 얼마나 화려했는지를 상상할 수

배낭여행은 처음이라서

있다. 옛 만달레이 왕궁이 일본군에 의해 불타 없어져 쉐난도 짜웅은 현재 유일하게 남아 있는 오리지널 왕실 건축물인 셈이다. 티크 나무로 지어져 검게 보이나 나무의 섬세하고 아름다운 조각은 찬사를 받을 만큼 훌륭하다는 것을 금방 알 수 있다.

✦ 선희 씨와의 작별

택시 관광을 마치고 1시 30분쯤 선희 씨와 만나기로 약속한 식당 앞에 도착했는데 그 식당이 마침 보수 중이라 영업을 하지 않고 있다. 카톡 전화도 안 된다. 기다리는 수밖에 없다. 한참을 기다리니 선희 씨가 와서 근방의 다른 곳으로 옮겨 점심을 먹었다. 식당에 갔는데 종업원이 "한국인이세요?"라고 물어보고는 한국인이라고 하니 "한국말로 하세요"라고 한다. 어떻게 한국말을 이렇게 잘하느냐고 물어보니 드라마를 보고 한국어를 배웠다는데 유창하게 잘한다. 현빈 등 배우 이름도 줄줄 이야기한다. 기분이 좋다. 우리나라의 위상이 상당히 높다는 것을 실감했다.

식사하고 숙소로 이동하여 좀 쉬다가 짐을 챙겨 3시 반경에 숙소 앞으로 나오니 선희 씨가 어제 예약한 택시를 타고 도착해 있었다. 함께 택시를 타고 공항으로 가자 40분 정도 걸렸다. 택시비 1만 4천 짯을 나누어 냈다. 선희 씨는 비행기 출발 시각이 빨라 먼저 들어가고 우리는 안내원이 좀 기다리라고 하여 30분 정도 기다리다 검색대로 들어갔다. 선희 씨와는 바간과 만달레이에서 3박 4일 동안 동행하며 바간에서는 같은 호텔에서, 만달레이에서는 이웃 호텔에서 지냈다. 여행은 각각 하면서도 저녁에 만나 식사와 맥주를 같이하고, 택시도 같이 타고 다니는 등 재밌게 지내면서 경비도 절약할 수 있었다. 상냥하고 똑똑한 아가씨하고 같이 지내며 도움을 받기도 하고, 많은 것을 배웠다.

만달레이 공항은 시골 공항이라 조용하고 한가하다. 수속을 마치고 출국장으로 들어가니 선희 씨는 아직도 비행기가 출발하지 않아 우리를 기다리고 있었다. 출국장이지만 물건을 살 만한 변변한 상점도 없다. 선희 씨는 미얀마에서 함께하는 동안 고마웠다면서 미얀마 땅콩을 사서 우리에게 선물로 준다. 우리가 오히려 더 고마웠는데 마음 씀씀이가 너무 예쁘다. 이제 헤어져야 할 시각이다. 여기서 우리는 태국 방콕으로, 선희 씨는 치앙마이로 간다. 같은 나라인데 우리는 태국 중부로 선희 씨는 태국 북부로 헤어졌다.

✦ 우리들의 행복했던 미얀마 여행

미얀마에서 5박 6일 동안 많은 경험을 했다. 처음 태국 매사이를 통해 국경을 넘어 미얀마 타킬렉으로 들어왔고 비행기를 타고 헤호 공항에 내려 냥쉐로 와서 인레 호수에서 멋진 풍경을 보았다. 호수에서 생활하고 있는 마을을 방문하고 수많은 파고다를 보았다. 냥쉐에서 8시간 동안 야간 버스를 타고 새벽에 바간에 도착하여 멋진 일출과 환상적인 벌룬의 풍경을 볼 수 있었다. 바간에서 야간 버스를 타고 와서 지치고 피곤함에도 온종일 파고다 여행을 하고 저녁에는 또 파고다에서 일몰을 감상했다. 이어 이바이크를 타고 바간의 시골에서 조용히 누들을 먹고 커피도 마시며 여유를 갖고 즐기다 저녁에는 강에서 멋진 일몰을 감상했다.

바간에서 아침 버스를 타고 미얀마의 시골의 풍경을 감상하며 5시간을 달려 만달레이에 도착해서 곧바로 1.7㎞나 되는 나무로 된 우베인 다리로 달려가 멋진 일몰과 엄청나게 크고 붉은 태양을 보았다. 또 마지막 날은 만달레이 왕궁과 왕궁 안 전망대에서 만달레이 전경을 감상했다. 어여쁘고 상냥하고 똑똑한 젊은 여교사와 함께함으로써 우리의 여행에 더 유익했고 많은 것을 배우는 계기가 되었다.

우리 둘만의 미얀마 여행은 알뜰하고 더 재밌는 여행이 되었다. 예정

배낭여행은 처음이라서

시각보다 15분 빠른 7시에 비행기는 이륙했다. 미얀마로 우리 둘만 올 때의 불안했던 마음을 5박 6일 동안 있으면서 완전히 불식시키고 떠난다. 미얀마의 아름다웠던 인레 호수와 수상가옥, 멋진 일출과 일몰, 벌룬의 아름다운 모습 등 모든 것이 잊히지 않을 것이다.

✦ 방콕 여행의 시작

비행기가 이륙하여 정상고도를 유지하자 저녁 식사시간이라 그런지 간단한 밥과 케이크와 음료수를 준다. 우리는 식사와 함께 붉은 포도주를 한 잔씩 주문하여 마셨다. 멀지 않은 거리라 1시간 50분 정도 걸러 방콕 수완나품 국제공항에 도착했다. 비행기에서 내려다보이는 방콕의 밤은 질서정연하면서도 휘황찬란하다. 우리를 빨리 오라고 환영하는 것 같았다.

그동안 미얀마의 한적한 시골을 주로 다니다가 거대 도시에 오니 반갑기도 하고 서울이라는 도시에 살아서 그런지 한편으로는 이제 고향에 온 것 같은 기분이 들기도 한다. 그래도 인천 공항에 비하면 규모가 훨씬 작은 것 같고 시설 면에서도 뒤떨어진 분위기다. 인천 공항처럼 세계 제일의 공항을 잘 이용할 수 있다면 다른 어떤 공항에 가더라도 위축되지 않을 것 같은 기분이다.

만달레이 공항에서 사용하고 남은 미얀마 돈으로 화장품 등을 구입하여 모두 소진한 관계로 돈이 없었다. 공항에서 택시를 타고 방콕으로 들어오려면 태국 돈이 필요하여 우선 50달러만 환전하였다. 관광 안내소에 가서 여행 안내 지도를 받고 환전을 하였는데 1달러에 30밧도 계산해 주지 않는다.

택시 타는 곳에 가서 순번 티켓을 뽑으니 13번이다. 택시가 줄지어 있는 곳의 13번을 찾아가서 택시를 타는 시스템이다. 상당히 잘 되어 있다는 느낌이 든다. 티켓을 주니 우리 짐을 실어 주고는 어디를 가느냐고 했다. 태국에서 여행하는 우리 일행이 보내온 숙소를 이야기하니 잘 모르는 것 같아 핸드폰으로 보내온 숙소 네임카드를 보여 주니 카드에 적힌 전화번호로 전화를 하여 주인과 통화를 한 다음 위치를 확인하고 출발한다.

미터기를 꺾으니 35밧이 표시된다. 기본 요금이 35밧인 모양이다. 톨 게이트를 지나면서 75밧을 달란다. 안내 책자에 보니 톨 게이트 비용을 가지고 관광객과 시비가 붙기도 한다는 내용이 있어 100밧을 주었더니 무슨 말을 하는지 잘 모르지만 지금 일부를 내고 다음 요금소에서 또 내야 한다는 이야기 같다. 한참을 달렸더니 또 50밧을 내야 하는 요금소가 나온다. 기사는 가지고 있던 50밧을 낸다. 거의 직선의 고속도로를 막힘이 없이 달린다. 영종도 인천 공항에서 공항고속도로를 달리는 것 같은 기분이다. 혹시나 해서 핸드폰 구글 지도를 켜 놓고 보니 지도대로 우리 숙소를 향해 달린다.

✦ 반가운 재회

관광 안내 책자에서 방콕 시내는 많이 밀린다는 이야기를 보기도 했지만 별 막힘없이 시내로 들어와 숙소 앞에 와서 멈춘다. 미터기에는 '287'이라고 표시되어 있는데 400밧이라고 이야기한다. 왜 미터기에 287밧이라고 적혀 있는데 400밧이냐고 이야기하니까 공항에서 오는 거라서 50밧을 더 내야 한다면서 금방 금액을 바꾸어 340밧이라고 이야기한다. 예상과는 달리 그렇게 많지 않은 금액이라는 생각이 들어 더 따지기도 그렇고 해서 340밧을 지급했다.

숙소에 도착하니 우리 일행은 우리 방 열쇠를 카운터에 맡겨 놓고 외출한다고 문자가 왔기에 열쇠를 찾아 방에 들어갔다. 엘리베이터가 있는

배낭여행은 처음이라서

건물의 3층이다. 도로변으로 창문이 있어 좀 시끄럽지만, 방콕 시가지가 보여 괜찮다.

조금 있으니 일행이 와서 반갑게 재회를 하였다. 그동안의 서로 이야기를 나눈 다음 밤 11시가 넘은 시각이지만 우리 숙소 근방에 유명한 카오산 로드가 있다며 가 보자고 한다. 10여 분 거리에 카오산 로드가 있는데 그 시각에도 여행객들로 인산인해다. 맥주 등 술을 파는 가게와 마사지 숍 등이 대부분인데 길거리까지 의자를 내놓고 음악을 크게 튼 채 여행객들의 흥을 돋우며 유혹한다. 우리도 자리를 잡고 저녁 식사를 겸해서 안주로 새우튀김과 닭요리 등 3가지와 맥주를 시켰다. 그동안 헤어져 있으면서 겪었던 이야기를 나누며 휘황찬란한 방콕의 거리에 취해 본다. 환락의 도시라는 이름 못지않게 온 거리가 오가는 여행객들과 술 마시는 사람들로 흥청거린다. 새벽 1시간 다 되어 가도록 맥주를 마신 데다 비행기를 타고 와서 그런지 피곤하여 숙소로 돌아왔다.

그동안 여행을 하면서 낮 외에는 별로 덥다는 것을 몰랐는데 방에 들어오니 에어컨을 켰는데도 좀 후덥지근하다. 역시 남부 지방이라 온도가 높은 모양이다.

| 태국 방콕 카오산 로드의 야경

Part 05

다시 함께,
태국

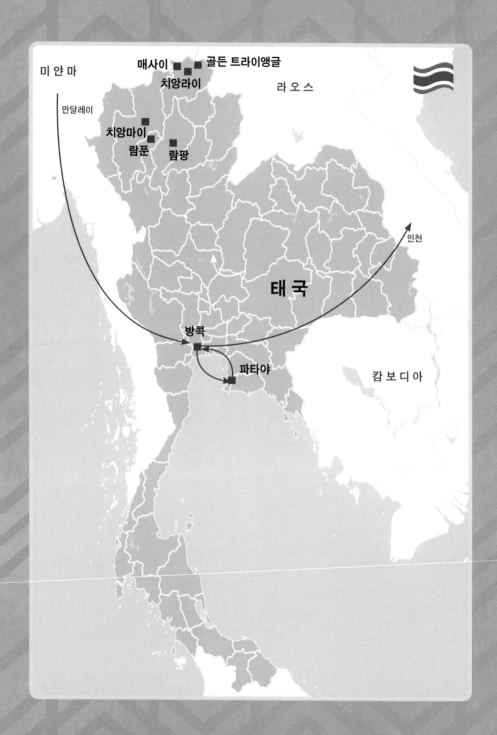

Day 25

초짜 배낭여행자,
방콕 카오산 로드에 가다

✦ 반바지는 입장 불가

우리 숙소는 배낭여행자들의 천국이라는 카오산 거리에서 걸어서 10여 분 정도 떨어진 곳이다. 숙소 바로 옆에는 조그만 하천이 흐른다. 이 하천에도 보트가 다닌다. 여기에서 보트를 타면 짜오프라야강을 통해 타이만으로 나가 남중국해로 갈 수 있다. 오늘은 방콕 시내 여행을 해 볼 생각이다.

숙소 조금 떨어진 곳으로 나와 빵과 커피로 아침 식사를 하고 11시경 왕궁으로 갔다. 택시를 타고 왕궁 근방으로 가는데 벌써 차량 지체가 시작될 정도로 관광객들로 붐빈다. 여행 중 처음으로 겪어 보는 교통 정체다. 택시에서 내려 걸어가는데 길거리가 복잡할 정도로 많은 사람이 왕궁을 향해 간다. 지금까지는 대부분은 시골같이 한적한 곳에서 여행을 다니다 방콕 시내로 왔더니만 시끄럽고 복잡하고 또 덥기까지 하다.

아침에 일어나 창문을 통해 밖을 보니 행인들이 반바지에 티셔츠를 입고 다니기에 오늘은 처음으로 반바지와 셔츠를 입고 나섰다. 그런데 왕궁 입구에 가니 경비병이 반바지는 들어갈 수 없다고 한다. 여자들의 경우 민소매나 짧은 치마 등도 안 된단다. 일행과 함께 다시 바깥으로 나와 입구에 있는 가게로 들어가니 바지를 빌리는 데는 50밧이고, 사면 100밧이라고 하여 헐렁한 바지 하나를 사서 입고 들어갔다.

Part 05. 다시 함께, 태국   **237**

왕궁과 에메랄드 사원

 관람객에 밀려서 다닐 정도로 사람들이 많다. 복장 검사하는 곳을 그냥 통과하기에 입장료가 무료인가 했더니 조금 더 들어가니 전철 게이트 같은 곳이 나타나 500밧을 내야 들어간단다. 상당히 비싼 입장료다. 방콕에 와서는 꼭 봐야 한다는 왕궁인데 입장료가 비싸다고 관람을 안 할 수가 없다. 그래도 인산인해다. 이 많은 사람으로부터 입장료를 받는다니 그 수입이 대단할 것 같다. 그런데 지금까지 보아 왔던 어떤 사원이나 파고다보다 아주 고급스럽게 유지·관리가 잘 되어 있다는 것이 느껴졌다.

 왕궁의 흰색 외벽 안으로 들어가면 앞에는 전통 타이 양식으로 지어진 짜끄리 궁전이 보이고 오른쪽에는 아난다 사만콤 궁전과 비만맥 궁전이 있다. 왕궁 내에는 역대 국왕들이 살았던 궁전과 그 국왕들의 제사를 모시는 왕실 수호 사원인 '왓 프라캐오', 일명 에메랄드 사원이 있다. 왓 프라캐오 본당 안 좌대에 정좌하고 있는 본존이 세계적으로 유명한 에메랄드 불상이다. 옥빛의 신체에 금빛 의상을 걸친 불상 앞에서는 저절로 고개가 숙여진다. 국왕인 라마 1세가 차크리 장군 시절 라오스를 정벌했을 때 전리품으로 갖고 왔던 불상이다. 이 불상을 소유하고 있는

ㅣ 수많은 불상을 안치한 '프라 위한 엿' 사원

배낭여행은 처음이라서

나라는 영화를 누린다는 이야기가 전해 온다. 라오스는 수도 비엔티안에서 약탈당한 이 불상을 지금도 반환해 달라고 요구하고 있다고 한다. 현재의 국왕은 짜끄리 궁전 오른쪽에 지은 치틀라타 궁전에 살고 짜끄리 궁은 개방한다. 태국이나 동남아 사람들은 사원 등에 불상이 모셔져 있는 곳에 가면 열심히 절을 하는데, 그 모습에서 깊은 신앙심을 엿볼 수 있다.

에메랄드 사원은 벽이나 기둥의 주요한 부분이 에메랄드로 되어 있다. 이렇게 큰 규모의 사원이 보석인 에메랄드로 되어있다니 참 대단하다는 생각이 든다. 에메랄드가 햇볕에 반사되어 눈이 부신다. 곳곳에는 보수 공사가 진행되고 있다. 입장료로 이런 보수 공사를 하는 모양이다. 사원 내부의 모든 벽체는 천으로 붙여져 있는데 그 벽에 정교한 그림이 그려져 있다.

| 황금색 종 모양으로 사리가 모셔져 있는 '프라 씨 랏따나 제디' 사원

| 에메랄드 사원과 황금색 종 모양의 '프라 씨 랏따나 제디' 사원

✦ 마을의 수로를 따라 달리는 보트

2시간에 걸쳐 왕궁과 에메랄드 사원 관광을 마치고 4명이 뚝뚝이를 타고 수상 시장을 가자고 했더니만 수상가옥을 관광할 수 있는 선착장으로 데려다준다. 요금은 100밧인데 보트를 타는 데는 1인당 900밧을 달란다. 너무 비싸다며 깎아달라며 한동안 실랑이를 하다 결국에는 4명이 1,200밧을 지급하고 탔다. 처음 가격의 삼분의 일을 내고 탄 것이다. 그러면서 다른 사람에게는 비밀로 해 달란다. 우리와 함께 탄 서양인은 그냥 900밧을 다 주고 탄 모양이다. 그들에게 조금 미안한 생각이 들었다. 동남아 관광을 할 때는 모든 것을 달라는 대로 주면 안 되고 깎아야 한다. 그렇지 않으면 바가지를 쓴다고 보면 된다. 물건값, 숙박비 등 대부분이 그렇다.

보트를 타고 수상가옥이 있는 마을의 수로를 따라 달린다. 수로에는 많은 보트가 관광객을 태우고 오간다. 한 사람을 태운 보트도 있고 또 많은 사람을 태운 보트도 있다. 보트를 타고 가다 보면 다양한 수상가옥들을 볼 수 있다. 예쁜 꽃을 내놓은 가옥도 있고 오랫동안 수리를 하지 않아 허물어지는 가옥도 보인다. 한참을 달리다 보니 목이 마른다. 마침 그때 물건과 과일 및 음료수를 가지고 수로를 오가는 배가 있어 접근하자 달리던 보트가 정차한다. 맥주와 음료수를 구입하자 물건을 판매하는 상인은 보트 운전사 것도 하나 사서 주라고 한다. 보통 그렇게 하는 모양이다.

또 달리다 보니 보트를 세우고 물속을 보라고 한다. 40~50㎝ 정도 되는 메기 같은 물고기가 떼를 지어 물속을 다닌다. 이 주변에만 모여 사는 모양이다. 여기 있는 주민들이 먹이를 줘서 그런지 수백 마리도 더 되는 것 같다. 장관이다.

배낭여행은 처음이라서

✦ 새벽 사원, 왓 아룬

1시간 정도 운행한다고 하던 보트는 40분 정도 달리더니 '왓 아룬 사원(새벽 사원)' 앞 선착장에 와서 멈춘다. 하선료와 사원 입장료를 내라고 한다. 밖에서도 사원을 볼 수 있는데다 그동안 사원을 워낙 많이 봐서 하선료만 내고 사원에는 들어가지 않고 밖에서 사진을 찍었다. 선착장 주변에서도 높이 79m의 불탑이 한눈에 들어온다. 왓 아룬은 흰색과 빨강, 초록이 섞인 탑과 돌계단이 어우러져 색의 절경을 선보인다. 탑은 힌두교 시바 신을 상징하는데 형형색색의 도자기로 장식되어 있어 매우 아름답다. 표면에 햇빛이 반사되면 강 건너에서도 휘황찬란한 빛을 뿜어내는 탑을 볼 수 있다. 낮의 반짝이는

| 짜오프라야강 톤부리 쪽에 있는 79미터의 왓 아룬 사원으로 크메르 양식으로 지어졌다.

햇살에 비친 모습도 좋지만 해 질 녘의 역광이나 탑에 불이 들어오는 저녁 즈음의 광경은 더 멋지다고 한다. 방콕 시내에 있는 400여 개의 사원 중에 그 규모가 가장 크다.

✦ 짜뚜짝 시장

　세계 최대 주말 시장이라는 짜뚜짝 시장을 가기 위해 택시를 탔다. 걷기에는 날씨가 덥다. 여기서 이동할 때 택시를 타면 미터기를 켜고 달리는 것이 아니라 미터기의 2~3배를 달라고 한다. 관광객을 대상으로 바가지를 씌우는 것이다. 양심적으로 미터기를 켜고 가는 택시를 만나서 시장에 갔더니만 98밧이 나온다. 대부분 기사는 200~300밧을 달라는 거리다.

　짜뚜짝 시장은 엄청난 규모의 시장이다. 토요일과 일요일에만 문을 여는 시장으로 4만여 평의 대지를 27개 구역으로 나눈 곳에 1만 5천 개의 상점들이 들어서 있어 점포 수가 세계 최대라는 말이 실감 난다. 의류, 액세서리, 민예품, 장난감과 각종 식당과 길거리 음식 등으로 대부분이 세계에서 몰려든 관광객이다. 동남아 관광을 다녀보면 알겠지만, 상품 값이 우리나라의 삼분의 일에서 이분의 일 정도라고 보면 된다. 물건 값이 싸고 겨울에도 기온이 따뜻하니까 관광객이 몰려드는 것이다. 상점이 너무 많고 골목도 복잡하여 돌아다니다 길을 잃으면 찾기가 어렵다.

　우리도 다니다가 길을 잃으면 안내소에서 만나기로 하고 다녔다. 경희는 손녀 옷과 장모님과 어머니께 드릴 작고 예쁜 손가방을 하나씩 샀다. 100밧이니까 3천 원 정도인데 예쁘다. 더워서 시원한 과일주스를 사서 마시면서 다녔다. 워낙 많은 관광객이 몰려 있으니까 생동감이 넘친다. 모든 가게가 단층으로 허름하게 다닥다닥 붙어 있고 수많은 전선이 엉켜 있어 화재가 발생한다면 순식간에 모든 상가가 소실될 것 같은 생각이 든다. 가게 안에서는 당연히 금연이다.

배낭여행은 처음이라서 🐾

| 27개 구역에 1만 5천 개의 상점이 주말에만 열리는 세계 최대의 재래 시장인 짜뚜짝 시장 모습

✦ 짝퉁 한국 식당에서 휴식

날씨가 더워 돌아다니는 것도 힘들다. 경희는 신이 나서 더 다니고 싶은데 남자 3명은 쉬거나 숙소로 돌아가고 싶어 해서 1시간 반 정도 이리저리 다니며 구경을 하다 200밧을 주고 택시를 타고 숙소로 돌아왔다. 구입한 물건을 숙소에 두고 조금 쉬다 카오산 로드는 너무 시끄럽고 복잡하여 숙소 건너편 조용한 골목으로 들어갔더니 깨끗하고 먹을 만한 식당이 많다.

그중 한 식당은 '쪽포차나'라는 한글 간판과 엉성한 한국 메뉴판을 들고 호객을 한다. 길가에 식탁이 놓여 있어 정취도 있고 시원할 것 같아 자리를 잡았다. 4명이 4가지 메뉴와 창 맥주 2병을 시켜 맛있게 먹었는데 450밧이다. 1만 3천 원 정도다. 식사 후 가게 안에 들어가 봤더니 사방의 벽 타일에는 방문객들이 남기고 간 글씨가 빼곡하다. 각국 나라말로 적어 놓았는데 한글로 적은 글도 절반은 되는 것 같다. 오랜만에 맛있게 먹었다는 등 긍정적인 평가가 대부분이다.

우리는 우연히 숙소 가까이 있어 돌아다니다 들어왔는데 젊은 관광객들은 카페나 네이버 등을 통해 주소를 알고 찾아오는 모양이다. 젊은이들은 대부분 그 지역 카페를 통해 그때그때 만나서 동행하면서 교통비도 절약하고 같이 여행도 하는 것 같다. 미얀마 바간이나 만달레이서 2명 또는 4명의 남녀가 모여서 식사하거나 맥주를 마시며 이야기하는 것을 보면 여행지에서 만나서 일정이 같으면 하루 이틀 정도 동행하는 것이다. 보트를 타거나 택시를 탈 때 1/n로 하면 경비가 절감되기 때문이다. 우리도 바간과 만달레이에서 젊은 여교사를 만나 동행했을 때 서로 도움이 됐었다.

| 카오산 로드에서 얼마 떨어지지 않은 골목에 '쪽포차나'라는 한글 상호를 걸어 놓고 영업을 하는 가게 간판

✛ 방콕의 마지막 밤, 아시아 티크에 가다

저녁을 먹으며 내일 일정을 이야기했는데 이제 방콕은 더 볼 것이 없으니 파타야로 가자는 의견이 지배적이다. 그러면 오늘 저녁이 마지막이 될 것 같아 나이트 관광을 하자고 하여 어디로 갈까 물색하기 위해 네이버

배낭여행은 처음이라서

를 찾아보니까 아시아 티크와 카오산 로드 등이 나온다, 우리는 어제저녁에 카오산 로드를 둘러보았기 때문에 오늘은 아시아 티크를 가 보기로 했다. 8시경에 택시를 타고 가니 30분 정도 걸렸다. 여기도 엄청난 인파의 물결이다. 각종 옷과 기념품 등을 판매하는 가게와 식당과 레스토랑 등이 있다.

방콕 시내 짜오프라야강 동쪽 강변에 있는 쇼핑 거리인데 낮에 보았던 짜뚜짝 시장보다는 규모가 작지만 가게와 상품 등이 조금 고급스럽고 거리도 깨끗하다. 우리는 음료수를 사서 마시면서 돌아다니다 대관람차가 있어 타 보기로 했다. 비용을 확인해 보니 450밧이다. 다른 물가에 비해 매우 비싼 편이다. 일행에게 탈 것인가를 확인해 보니 이곳까지 왔는데 타 보자고 한다. 총무를 맡은 경희가 표를 구매했다. 일행과 헤어졌다 다시 합류함에 따라 경희가 다시 총무를 맡은 것이다. 대관람차를 타고 높이 올라가니 방콕 야경이 휘황찬란하다. 한눈에 다 보인다. 아름답다. 서울보다는 규모가 좀 작은 것 같으나 멋있다.

바로 옆에는 짜오프라야강이 흐르고 강에는 각종 유람선과 크루즈도 다닌다. 크루즈에는 음악 소리가 크게 흘러나오고 무대에는 사람들이 모여 흥겹게 춤을 추고 있는데 그 큰 배가 흔들리는 것 같다. 신나기도 할 것이다. 이국에 관광을 와서 시원한 강바람을 맞으며 맥주를 한잔한 상태이니 다른 사람 눈치 볼 것도 없을 것이다. 우리도 이곳저곳으로 다니며 사진을 찍고 구경을 했다. 재밌게 구경을 하다 10시경이 되어 택시를 타고 숙소로 오는데 택시 기사가 여자분이다. 번역기를 이용하며 우리는 내일 파타야로 가는데 같이 가지 않겠느냐고 이야기하는 등 농담 반 진담 반 이야기하다 보니 기사가 길을 잘못 들어 한참을 헤매다 엉뚱한 곳에 내려 주고는 가 버린다. 구글 지도를 켜 확인해 가며 어두운 골목길을 700m 정도 걸어서 숙소를 찾아왔다. 이제는 구글 지도만 있으면 어디든

지 찾아갈 수 있을 정도로 자신이 생겼다. 또 구글 지도도 정확하다. 대단한 시대다. 내일 아침에는 체크아웃하고 시외버스를 타고 파타야로 가기로 했다.

| 아시아티크 야경과 대관람차. 대관람차를 타고 올라가면 방콕 야경을 볼 수 있다.

배낭여행은 처음이라서

Day 26

한 달 여행의 마지막 도시, 파타야로

✦ 파타야를 향해 출발

아침 식사 후 파타야로 가기 위해 여행사에 들렀다. 10시 30분 숙소에서 픽업해 주는데 250밧이란다. 예약하고 시간이 남아 식당 거리로 가서 여유 있게 커피를 한잔했다. 4시간 정도 걸린단다. 파타야는 타이만의 동쪽 해안에 있는 유명한 휴양지이다. 파타야는 방콕에서 동남쪽으로 145㎞ 떨어진 촌부리(Chonburi)주의 휴양지다. 40년 전만 해도 작은 어촌이었으나 베트남 전쟁 때 병사들이 휴가를 즐기러 오기 시작하면서 아시아의 대표적인 휴양지로 발전하게 되었다. 현지 주민은 20만 명이나, 외국인 등 유동인구는 100만 명이나 되고, 호텔이 700여 개나 된단다. 세계에서 가장 큰 해양 스포츠 해변이 있고, 유럽에서는 노인들의 천국으로 불린다고 한다. 완벽에 가까운 의료 시설과 클럽 및 레스토랑이 갖춰진 예술 문화의 도시이며, 놀이동산, 자연농원, 동물원 등 자연 테마 공원이 즐비하다. 반경 1시간 이내에 골프장이 20여 개 있고, 안마, 테라피, 스파를 할 수 있는 숍도 무수히 많다. '별빛이 쏟아지는 곳 파타야'이자, 이 세상에서 가장 열정적인 도시로 알려져 있다.

이제 한 달 배낭여행의 마지막 방문지다. 그동안 여러 곳을 다니며 관광했는데 여유를 갖고 좀 쉬어야겠다. 10시 반에 여행사 앞에 도착하니 승합차로 터미널까지 태워 준다. 중간에 아유타야로 가는 사람을 내려주고 우리는 남부 터미널에 데려준다. 40분 이상 시간이 남아 터미널 약국에 가서 경희 친구 부탁을 받은 약을 사고 왔더니 출발할 시각이 되었다. 12시에 정확히 출발한다. 시내를 벗어나자 쭉 뻗은 왕복 6차선의 고속도로를 시원하게 달린다.

✦ 조금은 힘들었던 파타야 여행의 시작

2시 40분 파타야 버스 터미널에 도착했다. 방콕에서 파타야 까지 2시간 40분이 걸린 것이다. 버스는 줄곧 시원하게 뚫린 고속도로를 막힘없이 달려왔다. 그동안 좀 쌀쌀했던 북부 지방에 있다가 남국의 도시인 파타야에 왔다. 1960년대 베트남 전쟁에 참전한 미군 기지가 건설되었고, 미군의 휴양지로 각광을 받기 시작하다 전쟁 후에도 서양인 관광객들로부터 남국의 낙원으로 불리며 계속해서 사랑을 받고 있는 곳에 내가 온 것이다. 이곳은 어떤 모습으로 나를 반겨줄지 기대된다.

터미널에 도착하여 바닷가로 가기 위해 송태우나 택시를 확인해 보니 200밧을 달란다. 요금을 깎는다고 이리저리 다니며 흥정하느라 2시간을 보내다 겨우 150밧을 주기로 하고 해변으로 오는 중 또 운전사와 트러블이 생겨 중간에서 내렸다. 돈 50밧 아낀다고 더운 날씨에 길거리에서 2시간을 허비했다. 50밧은 겨우 1,500원이다. 허기진 상태로 식당에 들어가 식사를 하고 조금 쉰 후 무거운 여행용 가방을 끌고 해변 근방 골목으로 들어와 숙소를 물색했으나 게스트하우스가 거의 보이지 않는다. 대신에 아파트먼트를 렌트한다는 안내가 있어 들어가 확인해 보니 여기서는 아파트먼트를 게스트하우스와 같은 의미로 사용하는 것 같았다.

깨끗하고 옥상에는 수영장도 있는 아파트먼트인데 800밧이란다. 모두 좋다고 하여 방 2개 값을 지불하고 짐을 풀었다. 오후 6시가 다 되어 간다. 부킹닷컴 등으로 숙소를 예약할 경우 터미널에서 바로 택시를 타고 숙소로 가면 될 텐데 숙소를 정하지 않았으니 해변 근방까지 택시를 타고 와서 또 캐리어를 끌고 방을 구하러 다녀야 하는 등 불편을 겪는다. 여러 명이 함께 여행하다 보니 의견이 맞지 않을 때는 어려움이 있다. 조금 아낀다고 비용을 깎는 등 옛날 방식대로 하다 보니 이런 문제가 발생한다. 너무 비효율적이라는 생각이 든다. 하여튼 늦게라도 숙소를 구하여 다행이다.

✦ 파타야의 은퇴자들

점심때 식사를 하다 옆자리에 한국인 관광객 2명과 가이드가 있어 여기서 한 달 생활비가 얼마 드느냐고 물어보니 숙소 임대료 30만 원과 생활비 등 합치면 100만 원이면 충분하다고 한다.

짐을 방에 가져다 놓고 바닷가로 나갔다. 해변으로 가는 곳은 야시장이 개설되어 있어 관광객들이 술을 마시거나 저녁을 먹는 등 북적인다. 대부분이 서양인이다. 바다 쪽을 바라보도록 극장식으로 의자가 배치된 테이블에 60~70대의 덩치가 크고 배가 불룩한 노인들이 있다. 친구 또는 현지 여성과 함께 혹은 혼자 작은 맥주병을 앞에 두고 멍하니 앉아 있는 모습이 너무 생소하고 이상하다. 은퇴한 노인들이 따뜻한 곳에 와서 휴양하는 것 같았다. 눈의 초점이 없이 그냥 멍하게 앉아 있는 것을 보니 아무리 휴양하러 왔다고 하지만 삶의 의욕을 잃은 것 같아 처량해 보인다. 노인들은 현지 여자들과 함께 다니는 경우가 많다. 이런 여성들을 여기서는 렌트걸이라고 하는데 여행 중이나 일정한 기간 함께 지내면서 안내를 해 주는 등 도움을 주는 모양이다.

✦ 시원한 파타야의 저녁

해변에는 어둠이 짙어가고 있지만 많은 사람이 산책하거나 돗자리를 깔아놓고 시원한 바람을 쐬며 누워 있기도 한다. 해변이나 다운타운 골목길에는 오가는 송태우가 많다. 송태우에는 차량처럼 번호가 붙어 있는 데다 수시로 돌아다니기 때문에 자기가 가고자 하는 방향과 같으면 세워서 타면 된다. 그리고 내릴 때 10밧을 운전사에게 준다. 대부분 송태우가 해변을 거쳐 골목을 돌아 순환하며 다닌다.

바닷가에 내려 망고 주스를 한잔 마시며 조금 쉰 다음, 과일과 맥주를 사 와서 숙소 현관 테이블에 앉아 먹고 마시며 담소를 나누었다. 오늘은 버스를 타고 방콕에서 여기까지 오느라 피곤한 데다, 더운 한낮에 숙소를 구한다고 여행용 가방을 끌고 돌아다닌 데 이어, 해변 주변을 산책까지 한 관계로 피곤하여 각자 방으로 헤어졌다.

이제 버스를 타고 다른 곳으로 간다거나 숙소를 구하는 것은 별로 어려움이 없다. 그러나 관광지에 도착하여 캐리어를 끌고 다니며 숙소를 구하는 것은 비합리적이라는 생각이 든다. 비록 숙소를 직접 방문할 경우 방을 확인하고 주인에게 이야기하여 조금 할인받을 수 있을는지는 몰라도 시간과 경제적으로 따져 봐도 오히려 손해다. 내일은 파타야에서 무슨 일이 벌어질지 기대된다.

| 파타야 해변 풍경

배낭여행은 처음이라서

파타야에서 머리 깎기

✦ 꼼꼼한 이발사

어제는 많이 피곤했던지 아침에 눈을 뜨니 8시다. 중간에 한 번도 깨지 않고 숙면을 했다. 여기는 우리의 여행 중 마지막으로 온 곳이라 여유를 갖고 좀 쉬면서 관광을 하려 한다. 아침에 시간 여유가 많아 이발하러 갔다. 집에서 출발할 때 머리를 깎았는데 거의 한 달 동안 지내다 보니 머리가 너무 길어 동네 이발소를 찾아갔다. 이발 요금이 대부분 100밧이니 3,500원 정도다. 길거리를 가다 보니 이발 요금이 80밧이라고 적혀 있어 들어갔다. 이발사가 새내기인지 시간이 오래 걸린다. 머리를 깎다가 잘 깎았는지를 볼 때 머리를 보는 것이 아니라 머리 뒤가 비치는 거울을 본다. 조금 깎고 거울을 보고 또 조금 깎고는 거울을 본다. 앞머리를 자를 때도 소녀들 앞머리처럼 일직선으로 자른다. 눈썹도 손질을 해 주고 코털이 길어 내가 가위로 자르려니까 자기가 잘라주겠다며 앉으라고 한다. 머리 깎는 기술은 좀 부족하지만, 대단히 친절하고 성의가 있어 보인다. 머리칼을 산뜻하게 자르니 기분이 좋다.

✦ 파타야의 대형 수목원, 농녹 빌리지

숙소로 돌아오는데 아침 식사를 하러 나오는 일행과 만나 식당에 들어갔다. 대부분이 서양 사람들이다. 나이도 60~70대다. 추위를 피해 휴양을 온 사람들인 것 같다. 토스트와 계란프라이 2개, 오렌지 주스가 세트인 아침 식사가 95밧이다. 느긋하게 아침을 먹고 어디로 갈까 하여 인터넷을 찾아보니 많은 사람들이 농눅 빌리지를 추천한다. 택시로 가려니까 1,000밧을 달란다. 송태우를 몰고 가는 운전사에게 문의하니 800밧을 달라고 하여 700밧 주기로 하고 갔다. 30여 분을 달려 도착했다.

11시 반경에 도착하여 코끼리 쇼와 타이 전통 공연 등을 포함하여 입장료로 1인당 800밧을 지급하였다. 날씨는 더운데 엄청나게 큰 수목원이라 걸어서 다니는 것이 어려울 것 같아 코끼리 열차를 탔다. 열차를 타고 가면서 운전사가 설명하는데 알아들을 수가 없다. 바나나, 야자수, 소철, 선인장 등 식물이 심겨져 있고 호랑이, 양, 돼지, 공룡, 홍학 등 각종 동물의 모형도 곳곳에 만들어 놓았다. 사람들은 코끼리를 타고 빌리지 곳곳을 돌아보기도 한다. 세계 각국의 관광객들이 모였는데 중국 관광객이 제일 많고 아랍 관광객도 제법 보인다.

열차를 타고 한참을 둘러보다 마지막 부분에서 내려 휴게소에서 시원한 커피를 마시며 열기를 식혔다. 민속 공연과 코끼리 쇼를 한 시간 정도 관람했는데 민속 공연은 태국의 전통 신화 등과 관련한 내용이다. 아주 큰 체육관처럼 생긴 공연장에서 원색의 화려한 복장을 한 무희들이 고유의 민속춤과 공연을 선보였다. 옷의 색깔이 주로 황금색이다. 동남아 쪽은 황금색을 좋아하는 모양이다. 대부분 사원이나 파고다도 황금색이다. 공연은 경쾌하면서 간단간단하게 여러 주제를 이어서 공연했다.

전통 공연을 마치자 바로 옆 장소로 이동하여 코끼리 쇼를 관람했다. 공연에 앞서 코끼리들과 함께 사진 촬영할 시간을 준다. 코끼리가 코로 사람을 들어 올리고 사진을 찍는다. 한번 찍는 데 100밧이다. 사진 촬영에 이어 코끼리들이 먼 거리에서 화살로 풍선 터뜨리기, 코로 그림 그리기, 축구 골대에 축구공 넣기, 농구공 던져 넣기, 관광객을 엎드려 놓고 건너가기, 코로 훌라 돌리기 등 각종 공연을 한다. 그러고는 관람석으로

배낭여행은 처음이라서

오면 돈을 코에 주거나 바나나를 준다. 바나나를 주면 자기가 먹고 돈을 주면 주인에게 넘겨준다. 많은 사람이 바나나나 돈을 코끼리에게 준다. 코끼리가 그린 그림을 판매하기도 한다. 제법 잘 그린다. 코끼리들이 공연을 잘하지만 이렇게까지 공연을 하기 위해서는 얼마나 연습을 했을까. 연습하면서 얼마나 고통을 받았을까를 생각하니 불쌍한 생각도 든다. 코끼리를 몰고 다니는 조련사는 뾰쪽한 꼬챙이를 들고 다니면서 코끼리를 찌르며 조종을 한다고 한다. 그 큰 코끼리가 말을 듣지 않으면 꼬챙이에 찔리면서 훈련을 받는 모양이다.

| 농녹 빌리지의 아름다운 모습

✦ 파타야 수상 시장에서의 아쉬움

공연을 마치고 나와 입구 상점에서 고구마와 옥수수, 두리안 등을 사서 점심으로 대신하고 조금 쉬다 보니 송태우가 오기로 한 4시가 되어 되돌아오는 길에 파타야 수상 시장을 들렀다. 보트 승선료 등을 합쳐 1인당 800밧이라고 하여 일행들이 그냥 가자고 하는 관계로 되돌아 나와서 숙소로 왔다. 수상 시장 내부를 구경하지 못하고 온 것이 못내 아쉬웠다.

수영과 우연한 만남

숙소로 돌아와 좀 여유가 있어 옥상으로 올라가 수영장에 들어갔다. 30여 평 정도 크기의 수영장이지만 아무도 없다. 혼자 여유 있게 수영하니 시원하고 좋다. 참 오랜만에 수영을 해 본다. 그것도 멀리 태국까지 와서 수영하다니.

숙소 바로 앞 야시장으로 가서 각자 선호하는 음식으로 저녁을 먹다가 우연히 신영기라는 한국 젊은이를 만나 같이 식사를 하며 이야기를 하였다. 원주에 사는 나이가 서른인 청년인데, 지난 12월 배낭여행을 떠나서 스리랑카, 인도, 베트남을 여행한 다음 태국으로 왔다면서 앞으로 동남아 각국을 여행하다 7월경에 귀국할 계획이라고 한다. 배낭여행 중 1일 생활비를 1만 원 정도 범위에서 지출해서 총 여행 경비는 1천만 원 정도 예상한단다. 주로 도미토리[4]에서 잠을 자고 여행지에서 각국 여행객들과 이야기를 하면서 다양한 문화를 배운단다. 여행을 통해 부모님에 대한 고마움과 애국심 등도 알게 됐다고 한다. 아직 취직과 결혼을 하지 않았기 때문에 가능하겠지만 대단한 발상이고 여행을 통해 많은 것을 배우고 느끼리라 생각된다.

동남아에서 길 건너기

동남아를 여행하면서 현장에서 느낀 것은 오토바이가 국민의 중요한 교통수단이라는 점이다. 그래서 사고도 여러 번 보았다. 차량이 오토바이를 추돌하여 오토바이 운전사가 도로에 넘어져도 차량 운전사가 나와

---

4) 공용 침실, 기숙사 또는 많은 사람들에게 숙박을 제공하는 방.

보지도 않는다. 오토바이 운전사도 길바닥에 넘어져도 조금 있다가 일어나서는 별문제가 없다는 식으로 그냥 옷을 툭툭 털고는 타고 가 버린다. 서로 간의 시비도 없다. 차량이 찌그러져도 그만이다.

파타야에도 인도가 거의 없다 보니 보행자들이 길가로 걸어 다니는데 서양인 관광객이 오토바이를 빌려 타고 가다 내가 서 있는 바로 뒤 전봇대를 들이받고는 괴성을 지르며 쓰러진 적이 있다. 깜짝 놀랐다. 유럽에서 온 은퇴한 관광객들은 장기간 머무르는 관계로 오토바이를 빌려서 다니는 경우가 많은데 이분도 그런 것 같다. 조금만 잘못했으면 내가 오토바이에 받혀 큰 사고를 당할 뻔했다. 여행 중 사고를 당하여 깁스를 하고 다니는 관광객들도 여러 번 봤다. 또 대부분 사람이 걸어 다니지 않고 차량이나 오토바이를 타고 다니다 보니 길에 횡단보도가 거의 없다. 길을 건널 때는 차량이나 오토바이가 오는지를 살펴본 후 횡단하는 수밖에 없다.

✦ 은퇴자들의 천국, 파타야

파타야는 겨울철인 1월 기온이 25℃ 전후로 따뜻한 관계로 서양인들이 휴양차 많이 오는 것 같다. 주민보다 외국인 관광객이 훨씬 더 많아 보인다. 유럽이나 미국 또는 호주 사람들도 6개월 또는 몇 달씩 와서 보낸다. 의료 시설도 잘되어 있는 데다, 생활비도 1개월에 100만 원 정도이고, 치안도 잘 되어 있을 뿐 아니라, 각종 호텔이나 쇼핑 센터 등도 잘 갖추어져 있으며, 유흥 등 즐길 거리도 많아 선호하는 지역이란다.

저녁 식사를 마친 다음 다시 해변으로 나가 산책을 했다. 어제와 마찬가지로 남자들끼리 산책을 하면 여자가 접근하여 함께 놀자고 유혹을 한다. 이런 부류의 여자들이 해변 도로변에 엄청 많다. 나는 경희와 함께 가니까 접근을 안 하는데 저만치서 따라오는 양 팀장과 광표 씨에게는 벌써 여성이 따라 붙어 유혹을 한다. 파타야에 여행 온 나이 많은 여행객들은 대부분 현지 여성들과 함께 다니는 경우가 많다. 식사 시간에 식당에 가면 서양 관광객들은 이런 여인들과 같이 와서 식사하거나 맥주를 마신다. 맥주 한 병을 앞에 두고 안주도 없이 오랫동안 그냥 앉아 있다. 시간을 죽이고 있는 것 같다. 장기간 머물다 보니 특별히 할 일이 없어 이런 식으로 시간을 보내는 모양이다. 좋아 보인다는 생각보다는 측은해 보인다. 나는 나중에 나이가 더 들더라도 저렇게 시간을 보내지는 말아야겠다.

좋게 보면 행복한 삶이라고 할 수도 있지만, 어떻게 보면 할 일이 없으니 따뜻한 나라에 와서 시간만 보내고 있는 것 같다. 내 시각이 맞는지 모르지만, 그냥 편안하게 늙기만을 기다리는 것 같아 안타깝다는 생각이 든다.

✦ 자유 여행의 장점

해변을 산책하다 숙소 근방으로 와서 맥주 한 병씩을 시켜놓고 내일의 일정을 협의했다. 우리는 하루하루의 일정을 그날 저녁에 의논해서 결정한다. 어떻게 보면 순간적이고 즉흥적으로 결정을 하므로 시행착오도 있지만, 또 그 지역의 사정에 맞춰 시의 적절하게 선택을 할 수 있는 장점도 있다.

여러 명이 같이 여행을 하다 보면 바다를 좋아하는 사람, 활동적인 것을 즐기는 사람, 고적 답사 형태의 여행을 원하는 사람 등 개인의 성격에 따라 여행지 선호도가 달라 의견 조율이 쉽지 않을 때가 있다. 그래도 우리는 원만하게 해 왔다고 볼 수 있다.

파타야 앞바다는 바닷물이 깨끗하지 않아 수영하고 싶은 생각이 들지 않는다. 그래서 내일은 배를 타고 파타야 앞에 있는 산호섬으로 들어가 좀 쉬다 오기로 했다.

짙푸른 바다의 손짓, 코란 산호섬

✦ 숙박 연장

어제저녁에 만났을 때 오늘은 산호섬으로 가기로 했는데 갑자기 수코타이로 가자는 의견이 제시되었다. 하지만 수코타이는 북쪽으로 다시 한참을 올라가야 하는 등 여러 가지 여건으로 곤란하다고 판단되어 원래 계획대로 하기로 최종적으로 확정했다.

같은 숙소에서 이틀 밤을 보냈는데, 시설도 깨끗하고 좋아 앞으로 이틀을 더 이 호텔에서 머무르자는 의견에 일치를 보고 좀 더 할인하여 흥정해 보기로 했다. 그래서 직원에게 앞으로 이틀 더 머물 계획인데 방 하나에 800밧인 것을 할인해 주지 않으면 경비가 거의 떨어져 다른 숙소로 옮겨야 한다며 할인해 달라고 하니 순순히 700밧으로 해 주겠다고 한다. 600밧으로 해달라고 사정을 하자 앞으로 있을 2일 치 숙박비를 한꺼번에 내면 해 준다고 하여 이틀 치 숙박료 2,400밧을 줬다. 규정된 숙박료가 없다 보니 할인해 달라면 깎아 준다. 총 800밧을 할인받은 것이다. 지금까지 800밧씩 주고 지낸 것이 아까워졌다.

✦ 코란 산호섬 가는 길

인근 식당으로 가서 누들과 오므라이스로 아침을 먹었다. 누들은 이전에 먹어본 다른 누들보다 맛있었다. 식사를 마치고 코란 산호섬으로 가기 위해 송태우를 타고 선착장으로 갔다. 1인당 150밧을 주고 매표하고 배를 탔다. 배는 천천히 달린다. 산호섬은 7.5㎞ 정도 떨어진 가까운 곳이다. 시내에서는 노인들이 주로 보였으나 배에는 젊은이들이 대부분이다. 시내와는 분위기가 달라 보인다. 배를 타고 조금 지나자 앞에 커다란 섬이 보인다. 쾌속선으로 가면 15분 만에 갈 거리인데 40분이나 걸리는 모양이다. 바다 중간쯤 오니 섬과 파타야가 다 보인다.

✦ 바다, 햇빛, 솜털 구름

코란 섬에 도착하자 짙푸른 바다가 어서 오라고 나를 부르는 것 같다. 해변의 모래가 눈부실 정도로 깨끗하다. 흰 모래사장과 야자나무가 남북으로 4㎞ 정도 길게 줄지어 서 있는 넓은 해변에 파라솔과 누울 수 있는 의자들이 빽빽이 들어차 있다. 하늘에는 구름 한 점 없다. 관광객들은 해수욕을 하거나, 파라솔 아래에서 휴식을 취하거나, 가게 탁자에 앉아 맥주를 마시며 환담한다. 우리도 식탁 하나에 자리를 잡고 식사를 하고 난 다음 맥주를 마시며 주변을 구경하기도 하고 바다에 들어가 해수욕을 즐겼다.

멋진 몸매의 여인들은 비키니를 입고 해변을 오간다. 한국의 여성들은 피부가 탈까 봐 온몸을 감싸는데 백인 여자들은 아슬아슬하게 가린 비키니만 입고 따가운 태양이 비치는 해변에 누워 햇볕을 마음껏 받아들인다. 나도 바다로 나가 물 위에 누워 본다. 소금물이라 가만히 있어도 뜬다. 하늘에는 구름 한 점 없이 파랗다. 해변은 붐비지 않을 정도의 사람들이 해수욕을 즐긴다.

유명한 휴양 도시인 파타야의 물 맑은 산호섬인 코란 섬까지 들어와 이 겨울에 해수욕을 하다니 꿈만 같다. 오후 3시가 되자 일부는 짐을 챙긴다. 선착장에는 관광객들을 싣고 갈 배가 정착해 있다. 구름 한 점 없던 하늘은 어느새 솜털 구름으로 바뀌었다.

I 파타야 앞 물 맑은 산호섬인 코란 섬의 깨끗하고 아름다운 해변 풍경

✦ 파타야로 돌아오는 길

우리는 4시 배를 타기 위해 짐을 정리했다. 마지막 배인 5시 배를 타면 사람들이 너무 많을 수도 있을 것 같아 4시 배를 탔다. 들어올 때는 2층 선실에만 사람이 있었는데 나갈 때는 1, 2층에 가득하다. 파란 바닷가에서 수영을 하고 되돌아가니 후련했다. 햇볕이 반사된 바다에 바닷물이 일렁거리니 그에 따라 배도 흔들거린다. 수평선 저 멀리 작은 섬이 보인다. 바다 가운데에는 돛을 단 범선도 지나간다. 들어올 때는 생기 넘치던 사람들이 해수욕하느라 지쳤는지 누워 있거나 늘어진 모습이다.

선착장을 출발하여 섬 모퉁이를 돌아 나오자 파타야 해변의 고층 빌딩들이 희미하게 시야에 들어온다. 눈에 들어올 정도로 가까운 섬이다. 시원한 바닷바람을 쐬며 좋은 추억을 가슴에 가득 품은 채 다시 파타야 항구로 돌아간다. 수영복을 입고 몇 시간 바다에서 놀았더니 피곤하다. 선

| 파타야 해변에서 바라본 석양

창 위에 잠깐 누웠는데 잠이 들었다. 깜빡 졸았는데도 개운하다. 고층 빌
딩이 즐비한 파타야가 벌써 손에 잡힐 듯이 다가왔다. 아주 천천히 파타
야 선착장으로 다가간다. 여기 있으니 서울이 영하의 날씨라는 것이 전
혀 느껴지지 않는다.

　선착장에 도착하여 송태우를 타고 우리 숙소가 있는 힐튼 호텔 쪽으로
오는데 석양이 너무 아름다워 힐튼 호텔 앞에 내려서 바다로 떨어지는
석양을 감상했다. 환하게 온 세상을 밝게 비추던 태양도 마지막 바다로
들어가기가 못내 아쉬운지 붉은빛을 발하며 최고로 부풀어 올랐다가 바
다 속으로 푹 빠진다. 붉게 물든 석양을 바라보노라면 장년을 맞이한 나
와 비슷하다는 생각이 든다. 태양이 하루의 일과를 마무리한 후 아무리
붙잡아도 조급히 바다 속으로 빨려 들어가는 것처럼 우리의 인생도 무엇
이 그리 급한지 걷잡을 수 없을 만큼 빨리 지나간다는 것을 실감한다.

✦ 정전에 대처하는 파타야 사람들의 태도

쌀국수보다 빵을 더 선호하는 양 팀장과 함께 햄버거가 먹고 싶어서 맥도날드에 찾아갔더니 중간 정도의 크기가 250밧이나 한다. 동남아에서 오래 지내다 보니 엄청 비싸게 보인다. 쌀국수가 50밧 정도 하니 쌀국수 다섯 그릇 값이다. 햄버거 하나를 구입한 후 포장해서 아침을 맛있게 먹었던 쌀국수집으로 갔다. 우리는 쌀국수를 먹고 양 팀장은 햄버거를 저녁으로 먹었다. 우리가 쌀국수를 너무 좋아한 관계로 양 팀장은 그동안 식성에도 별로 맞지 않는 쌀국수를 함께 먹느라 고생이 많았으리라 생각된다. 그러나 아무런 내색을 하지 않고 팀장으로서 같이 쌀국수를 먹는 희생정신을 발휘한 것이 너무 고맙다.

쌀국수를 먹으려고 앉아 있는데 갑자기 가게의 전깃불이 나갔다. 그래도 손님들은 아무 소리 않고 가만히 앉아 있다. 한참을 지나자 종업원이 양초 몇 개를 가지고 와서 켜 준다. 그래도 먹지 않고 나가는 사람은 없을 뿐 아니라 어두컴컴한 가게로 손님들이 계속 들어온다. 다른 가게는 멀쩡하다. 선풍기도 돌아가다 멈춰 더위가 느껴졌다. 항의하거나 왜 전깃불이 나갔는지 물어보는 사람도 없다. 음식이 대단히 늦게 나온다. 우리나라 같으면 몇 번이나 재촉했을 것 같은데 이야기하는 사람은 아무도 없다. 30분 정도 기다렸을 때 전기가 들어오자 손님들은 손뼉을 치며 환호한다.

✦ 동행인이 여행에 끼치는 영향

우리 뒷자리에 혼자 앉아 있던 노인은 우리가 말을 걸자 우리 옆으로 자리를 옮겨 앉는다. 호주에서 온 75세의 노인이란다. 호주가 지금은 너무 더운 계절이라 이쪽으로 피서를 왔단다. 그러면서 1년의 6개월 정도는 기후가 좋은 곳에 가서 지낸단다. 친구하고도 다녀 봤지만 6개월 정도 장기간 다니다 보면 싸우기 때문에 혼자 다닌단다. 한국 이태원에도 가 봤다면서 한국이 살기 좋은 나라라고 한다. 그렇지만 물가가 호주와 같은 수준으로 비싸단다. 여기에서 지내는 이유는 기온도 맘에 들지만, 물가가 싸기 때문이란다. 식사 한 끼에 1천 5백 원 정도이다. 날씨에 따라 옮겨 다니며 산다지만 혼자는 외로울 것 같다. 부부가 함께 온다면 더 좋을 텐데. 대부분 노인은 남자 혼자 와서 필요하면 렌트걸을 동반하여 다닌다.

　나는 나이 들어 경희와 함께 다니는 것이 제일 편하고 좋다. 앞으로도 함께 다닐 수 있도록 내가 많이 노력해야겠다. 내가 고집이 있어 경희가 항상 양보하지만 그래도 엉뚱한 고집이 아니고 합리적인 주장이라 경희도 잘 받아들이고 큰 불만을 느끼지는 않는 것 같다. 호주에서 온 그 노인처럼 오래 다니다 보면 아무리 친한 친구라도 갈등과 이견이 있을 수밖에 없을 것이다. 특히 나이 많은 남자 두 명이 다닌다면 더 그럴 것이다. 여자들이 단체로 오래 여행을 다니다 보면 화장실 가고 없는 사이에 그 사람을 흉본다는 이야기를 들은 적이 있었다. 우리도 그동안 많은 이견이 있었지만, 그때그때 협의를 통해 해결해 왔다. 비록 미얀마를 관광할 때는 의견이 달라 일주일 정도 두 팀으로 나누어 각기 다른 지역으로 여행을 다녔지만. 또 부부가 나이가 들어 같이 여행을 다니려면 건강해야 하고, 서로 자기의 역할을 충실히 하고, 충돌이나 의견이 다르더라도 화내지 말고 대화를 통해 해결해야 한다.

✦ 차가운 맥주 한 병의 행복

　식사 후 과일과 맥주를 사서 우리 숙소 앞 테이블에 앉아 먹으며 내일 일정을 협의하는 한편 이번 여행에 관해 이야기했다. 날씨가 더우니까 맥주가 많이 당기는 모양이다. 여기서는 맥주는 카페나 바에서 한 병 마시는데 60밧이다. 그래서 관광 온 사람들은 바에서 작은 맥주 한 병 시켜 놓고 길거리를 바라보고 앉아 세월아 네월아 하며 마신다. 안주도 없다.

손으로 병을 만지면 뜨뜻해지는 것을 방지하기 위해 맥주병을 넣어 잡고 마실 수 있도록 홀드를 만들어 놓았다. 맥주병을 들고 한 모금 마시고 놓았다 또 한 모금 마시고 하며 시간을 보낸다.

배를 타고 산호섬에 들어가 해수욕을 한 데다 맥주를 마시니까 졸음이 몰려온다. 양 팀장과 광표 씨는 마사지하러 가려고 한다. 내가 어제 마사지하면서 코를 골아 아가씨들이 막 웃어 경희가 창피했단다. 그러면서 마사지하는데 어찌 잠이 오느냐고 한다. 몸을 막 주무르며 꺾고 하는데 잠자는 것을 보면 나도 신기하다. 잠도 오는 데다 마사지를 하러 가면 왼쪽 무릎 윗부분을 수술하여 마음대로 만지고 꺾을 수가 없어 조심스럽다. 그래서 우리는 집에서 쉬기로 하고 두 사람만 마사지를 받으러 나갔다.

파타야 돌아보기,
진리의 사원과 황금 절벽 사원

✦ 관광 전 필수 코스, 흥정

오늘은 파타야 부근의 유명한 관광지를 둘러보기로 했다. 네이버를 통해 검색을 해 본 후 진리의 성전, 황금 절벽 사원과 수상 시장을 관광하기로 했다. 준비를 마친 후 빵으로 아침을 먹었다. 내일 방콕 수안나품 공항에 갈 때 탈 택시를 예약을 한 곳에 찾아가 오늘 방문할 곳을 이야기하고 얼마에 갈 수 있느냐고 물어보니 1천 3백 밧을 달라고 한다. 너무 비싸다며 할인해 달라고 흥정하여 1천 밧에 가기로 했다. 뚝뚝이 보다 자가용 택시로 가니 더 편하고 시간도 절약될 뿐 아니라, 에어컨도 있으니 훨씬 더 좋으면서 가격도 저렴한 편이다.

진리의 성전 입장료는 1인당 500밧이다. 수상 시장 입장료 200밧을 포함하여 택시비 등 총 3천 8백 밧을 주고 관광을 떠났다.

✦ 진리의 성전

진리의 성전은 우리가 머무는 숙소보다 북쪽으로 20분 정도의 거리에 있다. 10시 40분경에 도착하여 바닷가 쪽으로 조금 들어가자 멋있는 사원이 보인다. 나무로 된 뾰쪽한 지붕의 성전이 바다를 배경으로 멋있게 서 있다. 색칠은 하지 않았지만 오래된 부분과 최근에 새로 만든 부분이 확연히 구별된다. 저렇게 큰 성전을 나무로 만들면서 못을 사용하지 않았다고 한다. 멋지고 아름다운 모습에 도취하여 사진 촬영을 한 다음 직접 가 보기 위해 아래쪽으로 내려가자 헬멧을 하나씩 준다. 아마 아직도 공사 중이라 관광을 하다 다칠 우려가 있으니 보호용으로 쓰고 가라는 것이리라. 수면에 비친 대칭적인 성전의 모습은 환상적이다. 바다를 배경으로 서 있는 한 폭의 그림이랄까. 너무 멋있다는 말 밖에 달리 표현할 방법이 없다. 성전 주변을 한 바퀴 돌아보고는 내부로 들어갔다.

이 성전은 1981년 건축을 시작한 후 10만여 명의 인력과 1천억 원의 공사비가 투입되었고, 30년이 지난 지금도 공사가 계속되고 있단다. 가까이 가 보니 나무라 그런지 오래되어 갈라지고 또 변색이 된 부분도 있지만, 벽과 천장 등 모든 것을 나무로 만들었다니 대단하다는 생각이 든다. 곳곳에서는 전문가들이 보수 공사를 하거나 새로운 조각을 하느라 여념이 없다. 내부 중앙 부분에는 부처님과 함께 무엇인지 확실히는 모르지만

| 아름다운 자태를 뽐내는 진리의 성전　　| 진리의 성전 내부의 나무 조각

조그만 함에 사리 같은 것이 보관되어 있다. 높이가 수십 미터나 되고 어마어마한 규모의 조각들이 모두 나무로 만들어졌다니 감탄스럽다.

특히 걱정스러운 것은 화재가 발생하면 모두가 나무인 관계로 쉽게 소실되지 않을까 하는 것이었다. 엄청난 시간과 노력과 자재가 들어간 성전인데 소실되는 것은 순간이기 때문이다. 외부 공사장에서도 큰 나무를 가져다 놓고 대패로 다듬는 작업을 하고 있다. 성전뿐 아니라 내부의 모든 조각도 나무로 실물과 거의 같은 크기와 모형으로 섬세하게 만들었다니 대단하다는 생각을 떨쳐버릴 수가 없다. 앞을 보면 빨리 가서 보고 싶고 뒤를 보면 발길이 떨어지지 않는 그런 광경이다.

✦ 수상 시장, 파타야 플로팅 마켓

12시경 관람을 마치고 파타야 플로팅 마켓, 즉 수상 시장을 관람하기 위해 자동차를 타고 이번에는 남쪽으로 1시간 정도 달려 도착했다. 한낮이라 그런지 날씨가 후덥지근하고 무척 덥다. 수상 시장인 관계로 주변에 습기가 많아 그런 모양이다. 200밧의 입장료를 지급하고 시장에 들어가니 코끼리 자동차처럼 생긴 차에 태워 이동시켜 준다. 곧장 시장으로 가는 것이 아니라 민속촌처럼 생긴 곳으로 데려가 각종 상품을 소개하면서 구매하기를 유도한다.

우리는 그곳을 지나 중간에서 내려 수상 시장으로 곧바로 들어갔다. 시장은 바닷가에 있는 것이 아니라 바다에서 좀 떨어진 내륙에 인공적으로 물을 끌어들여 호수처럼 만든 곳이다. 호수에 물길을 따라 나무로 수상가옥을 만들어 200여 개의 가게가 들어서 있고, 수로에는 조그만 보트를 탄 상인들이 과일과 음식 및 각종 물건을 싣고 다니며 판매를 한다. 관람객들은 수상가옥으로 이어진 길을 따라다니며 구경하거나 물건을 사기도 하고, 큰 배를 타고 다니며 수상 시장을 구경할 할 수 있도록 해 놓

배낭여행은 처음이라서

왔다. 날씨가 더워 많이 걸어 다니기가 부담되어 1시간 정도 관람을 하고
나왔다. 사진 촬영하기에는 아주 좋은 장소다.

I 파타야 수상 시장 풍경. 내륙에 인공적으로 호수를 만들어 시장을 조성했다.

✦ 해변 식당에서 바라본 수평선

점심시간이 지난 데다 더워서 좀 쉬고 싶어 운전사에게 점심 먹을 좋
은 장소로 안내해 달라고 했더니만 바다가 훤히 보이는 해변의 아주 큰
식당으로 안내해 준다. 우리가 그동안 이용했던 식당보다는 규모도 훨씬
큰 데다 가격도 상당히 비싼 편이다. 그중에서 비교적 저렴한 새우 볶음
밥으로 식사를 했다. 먹을 만하다. 동남아 쪽은 식사 시간에 특별히 물
을 주문하지도 않았는데 컵에 얼음을 넣고 물을 따라 준다. 서비스로 주
는 줄 알고 마셨는데 나중에 계산서에 보면 물과 얼음 값이 다 포함되어
나온다. 뭐 별로 비싼 것은 아니지만 시키지도 않았는데 시원한 물을 제
공하고는 그 비용을 받는 것이다. 식당 바로 앞이 바다다. 바다 내음이
묻어 있는 바람이 시원하게 불어온다. 물안개가 끼어 있는지 저 멀리 타

이만의 수평선이 희미하게 보인다. 자유롭다. 그리고 평화롭다.

I 바다 근처 식당에서 바라본 타이만의 수평선

✦ 황금 절벽 사원

식사를 마치고 바다를 구경하면서 좀 쉰 다음 남쪽으로 20분 정도 더 내려가 황금 절벽 사원을 방문했다. 주차장에는 관광버스들이 즐비하다. 황금 절벽 사원은 푸미폰 국왕(재위: 1946.6.~2016.10.) 즉위 50주년 기념으로 왕의 장수를 기원하는 뜻으로 1996년에 만들었다. 바위산의 한쪽 면을 깎아 불상을 조각해 놓았다. 불상의 높이가 180m나 되고 음각한 불상을 금으로 입혀 만든 것으로 117톤의 황금이 들어갔단다. 대단한 규모다. 황금을 보호하기 위해서 불상 20m 가까이는 접근을 하지 못하도록 만들었단다. 태국 국민은 불상 앞으로 가서 향을 피우고 절을 한다. 태국에 와 보면 국민들의 불심이 대단하다는 것을 느낄 수 있다. 또 거리의 중요한 곳이나 유명 관광지나 가정집에도 국왕의 큰 사진을 설치해 놓은 것을 볼 수 있다. 지폐의 모든 사람은 국왕으로 되어 있다. 국왕에 대한

배낭여행은 처음이라서

국민의 존경심은 대단한 것 같다.

이곳에서 한국인 패키지 여행팀을 두 팀이나 만났다. 황금 불상 맞은 편에도 부처님을 모셔 놓았는데 가이드는 데리고 온 한국인 여행객에게 부처님에게 꽃을 바치고 자기 몸 중에 아픈 부위가 있으면 불상의 그 부위에 금박종이를 붙이면 효과가 있다면서 해 보라고 한다. 그러자 몇몇 관광객이 재미 삼아 따라서 해 본다.

더운 날씨에 관람했더니만 목도 마르고 피곤하여 코코넛을 사서 하나씩 먹으니 피로가 풀리면서 몸이 가뿐해지는 것 같다. 지금까지 여행하면서 피곤할 때 코코넛 즙을 마셨더니 피로가 풀리는 것을 여러 번 경험했다.

| 황금 절벽 사원. 불상의 높이는 180미터이고 음각한 불상을 입히는데 황금이 117톤이 소요되었다고 한다.

배낭여행은 처음이라서

✦ 여행의 마지막 밤

관람을 마치고 1시간 정도 걸려 다시 숙소로 돌아왔다. 저녁 식사 시간이 되었지만, 코코넛 물을 마시고 속을 파 먹었더니만 별로 배가 고프지 않아 슈퍼에서 빵과 맥주를 사고, 과일 가게에서 수박과 망고를 사 왔다. 숙소 앞 테이블에서 먹고 마시며 이번 여행을 정리하는 환담을 했다. 한 달 여행의 마지막 날 밤이다.

양 팀장은 여행을 마무리하는 차원에서 마사지 비용을 부담하겠다며 받으러 가잔다. 2시간 코스의 마사지를 받았다. 피곤했던지 마사지를 받는 동안에 모두 잠이 들었다. 여행 기간 쌓였던 몸의 피로가 모두 풀리는 듯했다. 마사지하는 여자들은 우리말도 제법 잘한다. 양 팀장 제안으로 이번 여행을 시작하게 되었고, 또 여행 기간에 팀장으로서의 역할을 잘해 주어 우리의 배낭여행이 성공적으로 마무리하게 된 데 대해 감사한 마음을 전한다.

나는 이번 배낭여행이 인생의 전환점이 되었다고 생각된다. 배낭여행을 감히 생각조차 못했는데 우리 일행들 덕분에 한 달이라는 긴 시간 동안 재밌고 즐겁게 여행을 하면서 많은 경험을 하게 된 것이다. 영어 회화 등 이제 조금만 더 보충하면 어떤 곳이라도 배낭여행을 갈 수 있을 것 같은 자신감을 갖게 되었다. 양 팀장이 우리가 미얀마 관광을 할 때 방콕에서 인천으로 들어가는 항공권을 예약해 놓았기 때문에 우리 두 사람의 항공료 48만 원을 전달했다.

Day 30

여행의 끝, 수완나품 공항으로

✦ 파타야 관찰기

오늘은 파타야를 떠나는 여행의 마지막 날이다. 파타야에서 4박 5일을 보냈다. 이번 여행 기간 한 곳에서 제일 오랫동안 지낸 곳이다. 그렇다고 헛되이 시간을 보내지는 않았다. 한 달간 배낭여행의 마지막을 좀 여유 있게 보낸 것이다. 느긋하게 일어나 호텔 로비에서 커피를 마시며 이번 여행에 관해 이야기하다 보니 벌써 10시 반이다. 체크아웃 시간이 11시인 관계로 짐을 정리하여 로비에 맡겨 놓았다.

여기 사람들은 맨발로 다니는 것이 일상화된 것 같다. 호텔 종업원도 맨발로 로비를 왔다갔다한다. 또 가정이나 호텔이나 관공서 등도 로비나 잘 보이는 곳에 조그만 사당 같은 것을 만들어 자기가 숭배하는 불상이나 신상을 안치해 놓고 아침마다 향을 피우고 물이나 음식, 과일, 꽃 등을 가져다 놓고 기도를 한다. 심지어 안마 시술소의 종업원들도 문 입구에 조그마한 쟁반 같은 것에 음식과 음료수 등을 가져다 놓고 향을 피우고 쪼그리고 앉아 기도한다.

파타야는 병원과 치과가 많고 약국도 많다. 계획도시라 도로가 일직선으로 되어 있으며, 바닷가는 호텔과 상가 등이 있고 그 안쪽은 주택가인데, 주택가에도 술집과 안마 시술소 등 조그만 가게도 많다.

배낭여행은 처음이라서

✦ 센트럴 페스티벌 쇼핑

오후 3시 반에 호텔에서 우리를 픽업하여 공항으로 가기로 했으므로 시간 여유가 있어 각자 헤어져 볼일을 보기로 했다. 우리는 바닷가 힐튼 호텔과 붙어 있는 센트럴 페스티벌로 갔다. 6층까지 있는 상가는 시원하고 쾌적하다. 삼성 핸드폰 판매장이 별도로 있으며, 전자제품을 파는 매장에는 삼성과 LG 제품이 제일 입구 쪽에 자리 잡고 있어서 뿌듯했다. 우리의 아이스크림인 '설빙' 매장도 있다. 선물로 망고와 두리안과 리치 등 열대 과일을 가공한 제품과 손주인 소윤이와 도현이 여름옷을 샀다. 여행할 때 여권과 지갑을 넣고 앞으로 메고 다닐 수 있는 조그만 지갑도 400밧을 주고 샀다. 시원한 매장을 돌아다니며 쇼핑을 하고 쉬엄쉬엄 돌아다니다 보니 시간이 되어 숙소로 돌아왔다. 그 사이 두 사람은 마사지를 받고 왔단다. 양 팀장과 광표 씨는 마사지를 무척 좋아한다.

✦ 수완나품 공항으로

3시 40분에 1,300밧을 주고 빌린 승합차가 호텔로 와서 공항으로 출발했다. 이제 서울을 향해 떠나는 것이다. 방콕 수완나품 공항까지는 120km로 1시간 20분 정도 소요된다.

한 달 동안 아무 사고 없이 여행을 잘하다 집으로 돌아가게 되어 너무나 다행이다. 처음 출발할 때는 참 길어 보이던 한 달이었는데 벌써 마지막 날이 되었다. 당시만 하더라도 '과연 해 낼 수 있을까'라고 생각했었는데 이런 우려를 떨쳐버리고 무사히 해 낸 것이다.

이렇게 배낭여행을 잘 마친 것은 우리 여행팀의 리더인 양 팀장의 활약과 노고가 컸다. 또한 각자가 제 역할을 잘 해 주었고 서로 협조함으로써 성공적으로 잘 마무리하였다고 생각된다. 우리를 태운 차량은 쭉 곧은 고속도로를 시원하게 달린다. 피곤했던지 모두 고개를 숙이고 잠이 들었다.

한 달 동안 비워 두었던 집이 그리워진다. 이곳저곳 여행지를 옮겨 다니며 자던 잠도 오늘 밤만 비행기에서 지나면 나를 기다리는 침대 곁으로 가서 잘 수 있다. 나는 여행이 체질인 것 같다. 한 달 동안 동남아 4개국의 여러 곳을 돌아다니며 지냈지만, 음식이 맞지 않아 밥을 먹지 못한 적도 없었으며, 힘들거나 피곤하여 조금 쉬었으면 좋겠다고 느낀 적도 없다. 강행군하여 조금 피곤하더라도 하룻밤 자고 나면 개운해진다. 그러면 또 체력이 보강되어 어디를 갈지 어떤 멋진 곳을 구경할지 눈이 반짝거린다.

우리를 태운 승용차는 막힘없이 달린다. 방콕 부근에 오자 시원하게 뚫린 고속도로는 왕복 8차선으로 넓어졌다. 공항 부근 톨 게이트는 하이패스가 없이 수작업으로 하느라 느리다. 우리 차량은 통행료가 105밧이다.

한 달 동안 재미있게 여행을 하다 보니 나도 모르게 절뚝거리던 왼쪽 다리가 거의 정상적인 모습으로 회복되었다. 아직도 계단을 오르내릴 때나 좀 빨리 다닌다거나 할 때는 불편한 점이 있지만, 평지를 걸을 때는 거의 표시가 나지 않는다. 이번 여행에서 얻은 또 다른 큰 수확이다.

✦ 이륙

5시 10분에 수완나품 국제공항에 도착했다. 저녁 10시 20분발 이스트 항공이니 아직 시간이 많이 남았다. 한참을 기다리기 위해서 커피숍으로 들어갔다. 사람들이 많아 겨우 자리를 잡아 커피와 음료를 마시며 휴식을 취했다. 이 공항은 아랍인들이 많은지 무슬림 기도실을 따로 만들어 놓은 것이 특이하다. 한참을 쉬다 7시 50분에 체크인을 시작하여 들어갔다.

수완나품 공항은 그동안 다닌 아시아의 다른 공항에 비하면 훨씬 크지만, 인천 공항과 비교하면 턱없이 작고 촌스럽다. 규모가 작아 모든 처리가 간단하고 쉽다. 우리의 인천 공항을 생각하면 자랑스럽고 뿌듯하다.

배낭여행은 처음이라서

대한민국 국민이라는 것에 새삼 자부심을 느낀다.

여행 기간에 사용하고 남은 태국 지폐로 공항에서 열대 과일 건조한 것을 구입하여 나누어 먹었다. 예정 시각보다 40분 늦은 밤 11시에 비행기는 이륙했다. 비행 시간은 4시간 50분 소요된단다. 저가 항공인 관계로 기내식과 신문 등 어떤 서비스도 없다.

지난 한 달 동안의 여행을 조용히 되돌아봤다. 너무 아끼며 여행한 것 같은 생각이 들었다. 100밧이면 3,500원인데 왜 그렇게 많아 보였던지 먹고 싶은 것 실컷 먹지 못한 것이 아쉬웠다. 배낭여행이 처음이다 보니 그런 모양이다. 그래서 경비를 많이 절약했다. 그렇지만 다음 여행 때는 좀 덜 아끼고 먹고 싶은 것, 하고 싶은 것 맘껏 하며 여행해야지. 잘 될지는 모르지만.

| 힐튼 호텔 옆 센트럴 페스티벌에서 바라본 파타야 해변 풍경

도착, 모든 것이 제자리로

2019년 2월 1일 금요일, 우리를 태운 비행기는 방콕 수완나품 공항을 이륙한 후 5시간을 비행하여 새벽 6시(우리나라는 태국보다 2시간 빠르다)에 인천 공항에 무사히 착륙했다. 좁은 좌석에서 잠을 제대로 자지 못해 좀 피곤하다. 야간 버스를 타고 미얀마 낭쉐에서 바간으로 갈 때 8시간 버스를 탄 것보다 더 피곤한 것 같다. 하여튼 30일간의 동남아시아 4개국 배낭여행을 무사히 마쳤다. 다행이다. 모든 것이 감사하다. 퇴직 후 자동차로 전국 일주 여행을 하고 제주도 한 달 살기를 마친 다음 『부부가 함께 떠나는 전국 자동차 여행』이라는 책을 출판한 후 내 인생이 크게 바뀌었듯이 이제 이번 여행을 계기로 나의 또 다른 인생이 펼쳐질 것이다. 기대된다.

모든 수속을 마친 후 일행과 깊은 포옹을 하고 헤어져 7시 25분에 공항버스에 올랐다. 날이 훤하다. 영하의 차가운 기온이 느껴진다. 이제야 한국에 돌아왔다는 것이 실감 난다. 몇 시간 전까지 방콕의 32℃ 무더운 날씨 속에 있다가 갑자기 36℃나 차이가 나는 영하 4℃라니. 그래도 금방 적응이 된다. 짐을 찾아 화장실로 들어가 여행용 가방에서 출국할 때 쑤서 넣었던 내복과 패딩을 꺼내 입었다.

영종대교를 지나오면서 보이는 바닷물에는 살얼음이 끼어 있는 것 같았다. 동남아 4개국을 다니며 멋진 풍경과 오래된 사원과 파고다 등을 수 없이 보았지만 앙상한 가지만 남아 있는 우리 산하가 더 정감이 가고 푸근하다. 동쪽 하늘에서 떠오르는 붉은 해가 차 앞유리를 통해 어서 오라고 나를 반긴다. 경쾌하게 달리던 공항버스가 올림픽대로로 접어들어 출근 차량과 합류하자 갑자기 속도가 느려진다.

양 팀장은 우리 여행팀 카톡방에 "무사히 여행을 마쳤네요. 모든 분 고 맙습니다. 이번 여행을 계기로 더욱 활력 넘치는 생활을 하시기 바랍니다. 한 달이라는 시간을 함께함에 감사드리며 소중한 인연 이어나가요♡" 라는 문자를 보내왔다. 양 팀장 덕분에 환갑 지난 퇴직자들의 배낭여행이 성사되고 또 성공적으로 마무리가 되었다. 고마울 뿐이다. 내가 『배낭여행은 처음이라서』를 쓸 수 있도록 도와주었다.

다시 시계를 2시간 앞당겨 서울 시각으로 맞췄다. 동남아와 2시간의 시차를 원위치시켰다. 경희는 버스 타고 오는 내내 잠에 취해 깨어나지 못한다. 좁은 비행기 안에서 잠자기가 쉽지 않았을 것이다. 출근하는 시민들이 두꺼운 패딩 외투에 마스크까지 한 모습을 보니 추운 겨울이라는 것이 이제야 실감이 난다. 1시간 30분이 걸려 9시에 집 앞에 내렸다.

저가 항공기의 좁은 좌석에 앉아 오느라 잠을 제대로 자지 못하여 몹시 졸려 집에 와서 3시간 정도 자고 난 다음 빨래를 하고 정리를 한 후 함께 여행 다녀온 일행들끼리 뒤풀이를 하기 위해 고속버스 터미널로 나갔다. 뒤풀이 날짜는 여행 중에 정했는데 처음에는 1월 26일까지 여행을 하기로 했으나 여행 일정이 늘어나는 관계로 여행 마지막 날 뒤풀이를 따로 하게 되었다.

양 팀장은 사정이 있어 나오지 못했고 순희 씨와 함께 네 명이 만났다.

우리 3명은 끝까지 여행했지만, 순희 씨는 어머님이 입원하는 관계로 중도에 귀국하여 오랜만에 다시 만났다. 동남아 음식만 먹느라 우리 음식이 그리웠기 때문에 뼈다귀 해장국과 함께 소주를 마시며 여행 기간에 있었던 이야기와 평가를 하였다.

뒤풀이를 마치고 집에 돌아와 정리하다 11시경에 잠이 들었는데 다음 날 아침 해가 중천인 11시에 겨우 일어났다. 여행 기간에는 거의 매일 밤 12시경에 잠이 들어 아침 7시에 일어나도 개운하고 거뜬했었는데 12시간이나 잠을 잘 정도로 한 달 동안 여행을 하면서 많이 피곤했던 모양이다. 이제 좀 정신이 차려진다.

2019년 9월
조남대

꿈꾸고 도전하자

우리는 젊은 사람들처럼 치밀한 사전 계획이나 숙소나 항공권 예약 같은 것 없이 가볍게 출국했다. 다섯 명이 함께 떠나니 '내가 아니라도 어떻게 되겠지' 하는 심정으로 떠난 것이다.

그러나 나의 생각처럼 쉽지만은 않았다. 많은 우여곡절이 있었지만 모두 해결하고 애초 계획대로 한 달 동안 잘 지내다 돌아왔다. 떠나기 전부터 너무 걱정할 필요는 없다. 부딪히면 다 방법이 있다. 둘러가거나 비용이 좀 더 들어갈 뿐이다. 그러나 그런 경험을 통해 얻는 것은 훨씬 많다는 것을 알았다.

이번 여행을 통해 얻은 큰 교훈은 무슨 일이든 '꿈꾸고 도전하자'는 것이다. '꿈을 꾸고 도전하면 이루어진다'라는 말이 사실이라는 것을 깨달았다.

다시 가고 싶은 곳을 꼽으라면 라오스 루앙프라방이다. 아름답고 기억에 남는 곳은 미얀마 인레 호수의 멋진 풍경과 호수에서 사는 사람들의 모습, 바간에서 보았던 일출과 형형색색의 열기구, 만달레이의 우베인 다리에서 본 일몰 등 수도 없다.

우리 다섯 명은 각자의 달란트로 서로를 위하여 희생하고 아끼며 난관이 있을 때는 힘과 지혜를 모아 헤쳐 나갔다. 경비 절약을 위해 여행용 가방을 끌고 두 시간 동안 비를 맞으며 숙소를 찾아 헤맸고, 저렴한 뚝뚝이를 이용하려고 뜨거운 도로변에서 또 두 시간 동안 이리저리 오가며 흥정하던 때는 화가 나기도 하고 무척 힘들었지만 지금 생각하면 소중한 추억이다.

　　동남아 여행에서는 바가지요금이 많아 식대 등을 계산할 때 꼼꼼히 항목별로 따져 보는 것도 잊지 말아야 할 것이다.

　　이번 여행을 통해 대한민국에 태어난 것이 얼마나 자랑스럽고 고마운지 나라 사랑하는 마음이 더욱더 생겼다. 또 우리나라가 얼마나 깨끗하고 아름답고 살기 좋은 곳인지를 새삼 알게 되었다.

　　우리는 이번 배낭여행의 경험을 살려 다음에는 시베리아 횡단 열차를 타고 한 달 동안 러시아를 돌아볼 계획이다.

2019년 9월
박경희

배낭여행은 처음이라서